原発と自治体

「核害」とどう向き合うか

金井 利之

岩波ブックレット No. 831

序章　「核害」という視点から

①福島第一原子力発電所の深刻事故

二〇一一年三月一一日一四時四六分の東北地方太平洋沖地震により、福島第一原子力発電所は全交流電源喪失状態(ステーション・ブラックアウト)に陥った。同原子力発電所第1～4号機は、炉心熔融・水素爆発事故・火災などを次々に引き起こし、大量の放射線・放射性物質を放出する苛酷事故となった。事故の重篤度はチェルノブイリ級(国際原子力事象評価尺度〔INES〕レベル7「深刻事故」)である(二〇一一年四月一二日評価)。しかも、チェルノブイリ事故とは異なり、複数号機の連鎖的な事故である。一二月一六日に政府は「冷温停止」を宣言したものの、一年を経過する現時点でも、炉心や核燃料の状態は不明な点も多く、依然として放射性物質の放出が継続されている。

同事故は一〇万人という多数の周辺住民に長期避難を余儀なくさせ、さらに被曝をも発生させた。土壌や大気・雨の放射能汚染により、広範囲な地域で高い放射線量を継続させ、中長期的で直接的な外部被曝や、放射性粉塵などの吸引が引き起こす内部被曝による健康被害が、妊婦・胎児や子供・若年層を中心に、懸念されている。また、同じ広範囲に農産物・海産物や水道水などへの悪影響をもたらし続ける可能性もあり、飲食品摂取による内部被曝も懸念されている。同事故は長期に継続しうる放射線・放射性物質による公害事件の様相を呈しつつある。

②公害事件としての「核害」という見方

福島第一原子力発電所の深刻事故をどのような視角から捉えるかは、非常に難しい問題である。本ブックレットでは、この深刻事故の分析の目的を、「核害」の防止・救済・補償などとして捉える。日本では、四大公害（水俣病・新潟水俣病・イタイイタイ病・四日市喘息《ぜんそく》）を始めとして、公害が繰り返されてきた。カネミ油症を始めとする食品公害事件、サリドマイド・スモン・薬害エイズ・Ｂ型肝炎といった薬害事件など、医薬食品公害も繰り返されてきた。また、戦前の足尾鉱毒事件以来、鉱害事件も鉱業の盛衰とともに発生した。食品公害・薬害・鉱害などを含む広義公害事件に、さらに、重大な核害という公害が加わったのである。

　原子力災害は「公害」ではないとして、公害対策基本法（現環境基本法）や「人の健康に係る公害犯罪の処罰に関する法律」の対象とはされてこなかったのが、日本における位置づけである。原子力災害対策特別措置法や「原子力損害の賠償に関する法律」のように、「原子力災害」「原子力損害」として捉えられ、「公害」の一種とは捉えられていない。戦後日本の実践から、一般に、災害に関しては、災害対策基本法および「激甚災害に対処するための特別の財政援助等に関する法律」における「激甚災害」など、国からの支援・補償は得やすいが、公害・薬害などに関しては、国は責任を認めにくく、支援・補償を得にくかったからであろう。その意味で、「災害」という表記には、国からの支援・補償を得やすくするための執念が込められている。その限りで、原子力損害賠償支援機構法が、二〇一一年八月に成立した。逆に言えば、本ブックレットで使用する、「公害」の一種である「核害」という用語には、国からの支援・補償を得ることの困難性を想定するという意図が込められている。

　もちろん、核害は今回が初めてということではない。広島・長崎の被爆（核害的戦災）、第五福竜丸事件（一九五四年）、東海村ＪＣＯ臨界事故（一九九九年）が著名なものであるし、労働者の被曝（核害的労災）も発生してきた。むしろ、これらの核害が既に生じたにもかかわらず、今次なる核害が防止できなかったのである。

　なお、核害をもたらしうるのは、原子力発電所に限らないことはＪＣＯ臨界事故からも明白であるし、再処理工場、高速増殖炉、放射性廃棄物処分場、原子力船、医療施設などの各関連施設一般でありえる。

本ブックレットでは、原子力発電所に焦点を当てて論じるが、核害の可能性ということでは、他の種類の原子力関連施設でも同様の論理が通用する。

③自治体から捉える意義

本ブックレットでは、核害被災の発生または可能性に直面した、立地自治体の問題を中心に論じていきたい。自治体という地域現場から検討するのは、実質的に原子力発電を推進するか脱却するかが論争され、決定されているのが、立地自治体を中心とする地域現場だからである。受益と負担が乖離するのは、多くの施策・プロジェクト・事業でも起こりうるが、負担との比較衡量なしに合理的な議論は起こりえない。原子力発電所を、東京圏からはるか遠方に立地させ、霞が関・永田町でエネルギー政策や原子力政策の国策を論じても、所詮は空理空論に留まるのである。

立地自治体は、原子力発電推進構造に巻き込まれている。推進構造は、①政治家、②官僚、③事業者、④学者・専門家、⑤報道人・文化人に、⑥地元・立地自治体を加えた《政官業学報地の六角形》から構成されている。また、原子力政策をめぐる議論は、立地自治体・住民に対する説明会や公開ヒアリングなどとして、主として地域現場でも展開されている。そして、地域的に展開される公害事件にもっとも先鋭的に接するのが、地元自治体である。核害被災を隠蔽するときにも、課題を掘り起こすときにも、あるいは、核害を未災にとどめるためにも、地域現場が最も重要な舞台になっているのである。

第１章　被災自治体と核害

１　国による被災の認定とは

公害・鉱害事件や食中毒事件などと同様に、誰が被害者で、どこが被害区域であるかを画定することは、非常に難しい。核害事故に直面した自治体は、被災したこと自体を認定するという入口で困難に直面する。しばしば、この画定は専門家の科学的・専門的知見に基づいて、国が行う。被災自治体にとっては、自ら声を上げて強く要求することは必要であるが、それだけでは不十分であり、自ら行動を起こさない限り、国の決定に翻弄される。

①避難・屋内待避と自治体

避難・屋内待避の認定は、既に一定程度以上の累積放射線量があることを踏まえて、避難・屋内待避という不利益な行動を迫ることである。したがって、核害被災が現実に発生したことを認定するが、さらなる核害の発生を防止するための認定でもある。基本的には区域という空間単位であるが、特定避難勧奨地点さらにはホットスポットというように、住戸・建物・地点単位でも認定がされる。したがって、この認定は、必ずしも自治体単位で認定されるわけではない。

国が認定した場合には、自治体の一国行政の末端としての性格からは、こうした認定を個々の住民に周知・徹底する、さらには、説明・理解を求めるという、現場のつらい仕事が、自治体の実質的な機関委任事務として発生する。また、自治体の区域の全域が認定されれば、自治体全体としての避難・待避が認定されたことと同義である。さらに、自治体によっては、その区域のなかが、様々な区域として分断されて認定された場合の対処は、極めて困難である。「平成の市町村大合併」によって市町村の区域が拡大したため、自治体区域内での分断認定の可能性は高まっていた。

②活動制限と自治体

活動制限の認定も、核害被災が現実に発生したことを認定するが、さらなる核害の発生を防止するための認定でもある。住民生活の活動は非常に幅広いため、いかなる活動に対して、いかなる基準で活動制限を認定していくかは、非常に多岐にわたる複雑な作業である。これまで為されている代表的な活動制限は、以下のようなものである。

第一は、農産物・水産物に一定基準以上の放射性物質が含まれている場合に、出荷制限を課すことである。通常は自治体が直接に生産しているわけではないので、生産者・流通業者に、様々な自粛要請や規制を掛けざるを得ない。直接に摂食しない肥料や飼料に関しても同様である。場合によっては、それ以外の製品・素材に及ぶこともありうる。

第二は、上水の摂取制限である。上水道は自治体の任務であるが、摂取するのは住民である。放射性物質の濃度が一定水準になった場合には、住民全体あるいは妊婦・授乳者・乳幼児などに摂取制限を呼びかけるとともに、代替飲料としてミネラルウォーターなどを給付する。もっとも、濃度が著しく高くなれば、給水自体ができなくなる事態も想定できる。

第三は、学校での屋外活動への制限である。特に、核害の影響を受けやすいと予見されている児童生徒が、放射線量の高い校庭などの屋外で活動することを制限する。公立学校の場合には、自治体が直接的に制限を行うことができる。もっとも、この制限を厳格に進めれば、一定年齢以下の住民に限定される屋内待避の区域の設定と同じである。

第四は、ガレキ、下水汚泥、除染活動で発生した放射性物質を含んだ廃棄物など、廃棄物処分に関する制限である。下水処理場の管理や一般廃棄物処分を自治体が行っているので、直接的に制限をすることになる。もっとも、廃棄処分を制限されても、廃棄物自体は消滅しないのであり、その間の暫定的な管理が厄介な問題である。

しかし、住民の全活動は幅広いため、活動制限の領域が必要かつ充分かは、常に議論の余地が残る。また、活動範囲が幅広いがゆえに、活動制限による社会的不利益も大きくなり、それゆえに、国は活動制限をできないという事態にも陥りやすい。その場合には、核害被災を認定せず、活動を制限することなく、受忍的に住民の被曝が進行することが想定される。例えば、採石を放置したため、放射性コンクリート住宅を生み出してしまった。

③損害賠償と自治体

原子力損害賠償は、基本的には、個々人や企業・団体などの単位で為されるが、自治体も、それ自体として損害を受けている。具体的にいえば、避難活動あるいは避難者・転居者の受け入れ、被災・被害・被曝の調査・予測、民間事業者への自粛要請や規制、除染活動、住民への広報と情報伝達、国・県への要望活動、対策策定、住民健康診断と保健・医療・福祉、放射性物質を含んだ廃棄物の処分など、様々な行政需要が追加的・爆発的に発生した。これは、日常の行政活動を阻害し、また、追加的な事故対策の財源・人員を要するものだからである。

これに加えて、地域住民の損害賠償に関して、自治体がどのように関わることになるのかは、極めて難しい問題をはらむ。一方で、一国行政の末端機関という立場でいえば、実際の支払い窓口になるかどうかはともかく、国が定めた損害賠償を上意下達する役割を負わされる。他方で、被害者である地域住民の集合体という立場であれば、まさに、あらかじめ組織化がされていた被害者団体でもある。もちろん、自治体は任意加入の団体ではないので、個々の被害者の意に反して自治体が勝手に賠償交渉に応じることはできないが、団体化されている方が被害者の声は強く反映できる。被害者の多くの声を実質的に代弁できるかは、自治体のスタンスを問う。

原子力損害の賠償に関する法律（原賠法）は、被害者と加害原子力事業者の間で紛争になることを想定し、原子力損害賠償紛争審査会を設置した。同審査会は損害賠償範囲に関する指針を事前に出す。審査会だけでは紛争が解決できない場合には、被害者らによる集団公害訴訟として噴出することも想定される。そのときに、自治体がどのような立場を採るのかは非常に重要な政治判断である。

2　被災の範囲——国の認定と自治体の判断

①国による区域設定の限界

二〇一一年三月一一日から一五日にかけて、半径三キロメートル、半径一〇キロメートル、半径二〇キロメートルと逐次拡大した避難指示圏と、半径三〇キロメートルの屋内待避圏を、国は設定した。しかし、その後は、住民・地域・自治体を放置した。一カ月以上が経過した四月二二日から、半径二〇キロメートルは警戒区域とされ、その周縁部に、計画的避難区域、緊急時避難準備区域を設定した。

そもそも、国は避難・屋内待避区域を迅速に指定しなかった。実際に、福島県が二キロメートル圏に避難指示を出したのが三月一一日二〇時五〇分であり、国が三キロメートル圏避難指示・一〇キロメートル圏屋内待避指示を出したのは同日二一時二三分である。情報が不十分・不確実ななかで、自治体は自主的に区域設定すべきである。国の対応を待てば待つほど、対策は後手に回り、それだけ核害被害を拡大する可能性がある。しかし、避難指示を出すには、交通規制・経路確保やバスなどの避難手段を確保することが、実質的には必要条件となる。自治体が早期迅速な区域設定をするためには、情報入手だけではなく、輸送手段の入手が条件となってくる。

放射能(雲)は風向き・地形などで、原子力発電所から同心円状には拡散しないことは、チェルノブイリ事故などの科学的知見から知れ渡っていたが、どの方向に飛散するかは事前には予測できない。そのため、事前の緊急時計画区域(ＥＰＺ＝Emergency Planning Zone)や事故発災当初の圏域設定が、同心円状に設定されるのはやむを得ない面もある。とはいえ、三日を超える屋内待避は、生活物資の配給を国がしない以上、論理的に成り立たない指示である。物流業者が入らなくなるのは当然である。少なくとも、同圏域市町村・住民は非常な困難に陥った。

また、同心円状の圏域設定はあくまで初動であり、本来は、当該苛酷事故の状況や地形・気象に応じて予測・調査を、迅速かつ具体的に行い、それに伴った区域の設定が為されなければならない。とはいえ、国・専門家・原子力事業者といえども、放射線量や核物質の予測・調査を、直ちに網羅的に行うことは、能力的にも容易ではない。三月一五日に首都圏をはじめとして、各地に放射能雲が襲ったときにも、国・専門家・原子力事業者は、予測や情報周知を行うことはなかった。しかし、それができないならば、調査データが不確実ななかで、どう区域設定をするかスタンスが問われる。

一方では、予測・調査ができないならば、予防的に広めに圏域を設定するスタンスがある。他方では、確実と思われる範囲で限定的に狭めに圏域を設定するスタンスがある。前者の場合、予測・調査ができる段階で、必要な避難区域を残して解除される方向になる。後者の場合には、予測・調査ができる段階で、当初の避難圏域に、避難区域が追加される。アメリカ政府は前者であり八〇キロメートル（五〇マイル）圏域を設定し、日本政府は後者であり三〇キロメートル圏域を設定した。いずれにせよ、国による一方的な認定であるため、地域住民の期待に合致して、圏域・区域が設定されるとは限らない。

②国などによる情報非公表の可能性

調査・予測が為されたとしても、同盟国に情報を流すことはあっても、国・専門家・原子力事業者は直ちに住民に公表するとは限らない。また、報道機関も伝達するとは限らない。

国などが核害の認定を迅速に公表し、自治体・住民に避難などの早期対策を促せれば、住民の核害を軽減できる可能性がある。知り得た情報は速やかに全て公表すべき、少なくとも、自治体や住民が自分で判断できる材料を提供すべき、と国などが判断するかもしれない。しかし、逆に、情報公表により住民のパニックを引き起こし、避難時の交通事故などの被害をもたらすと天秤にかけて総合判断すれば、国などは情報公表に躊躇するなどし、情報非公表が続けられることも有り得る。

実際には、三〇キロメートル圏を超えた北西方向で放射線量・放射性物質の高い数値の検出が早期から行われていた可能性が高いにもかかわらず（多数の住民は防護服姿の無言の測定者の姿に直面した）、あるいは、緊急時迅速放射能影響予測ネットワークシステム（ＳＰＥＥＤＩ）という核害拡散予測の科学的知見データがあるにもかかわらず、国は早期に公表をしなかったうえに、まだら状の区域設定をしないまま、周辺被災住民を一カ月も放置した。アメリカ政府（国家原子力安全保障庁）が航空機による放射線量測定をもとに放射線量マップを三月二二日に公表してから、原子力安全委員会がＳＰＥＥＤＩの評価結果を公開した。実測値が出てから予測を公表するのでは意味がない。外国の気象機関が行ったような風速・風向に基づく大まかな核物質の拡散予測も、必ずしも公表を行わなかった。

これが、専門家の科学的知見に基づく国の認定の実態である。国の指示や認定を待つだけでは、住民の安全は必ずしも確保できないことは明白である。安定ヨウ素剤の住民に対する配付と服用勧告すら行われなかった。

③自治体の限界と教訓——逆補完性の原理

自治体・住民として最初に為すべきことは、自らが核害被災をしたのかどうか、したとすれば、どのような内容でどの程度か判別することである。自治体為政者が、被災認定の全てを国に責任転嫁し、受動的な立場でいる方策もある。しかし、この場合にも、国などに実効的に認定を要求する具体的圧力活動が必要である。国などの認定の遅延や情報非公表を厳しく問責することは必要であるが、問責では核害は消滅しない。自治体は自ら積極的に調査・予測と認定を行わなければならない。

したがって、国などができないことは、自治体が独自に行うのが本来の任務である。これが、自治体に必要な「逆補完性の原理」である。「補完性の原理」とは、近年の地方自治の国際的にも了解された指導原理である。小さな単位でできることは小さな単位で対処し、それができない場合には、より大きな単位での対処によって補完するという考え方である。まず住民が対処し、住民ができないことを市町村が補完し、次に都道府県が補完し、自治体でできないことは国が補完するということである。日本国という国ができないことを、国際機関や外国政府が行うことも「補完性の原理」の一種である。

しかし、本ブックレットの提示する「逆補完性の原理」とは、それとは正反対である。まず国などができることは国などが行い、国などができない（したくない／しない）ことを都道府県が行い、都道府県ができない（したくない／しない）ことを市町村が行う。市町村ができない（したくない／しない）ことは住民がするしかない。国などが的確に核害認定をするのであれば、自治体や住民が行うまでもない。問題は国などが的確に認定するとは限らないときに、どのように対処するべきかという指導原理が必要なのである。

自治体自身が独自に線量計などでの情報把握・調査を行う。「国ができないことを自治体ができるはずがない」という予断に陥ってはならない。実際にも、責任感ある自治体為政者は国などの手が回らないことを行っている。もちろん、調査には専門的技能が必要であり、素人的に測定をして間違った調査になる危険もあるから、自治体も可能な限り専門家の支援を受けなければならない。同時に、専門家には、広く自治体の要請に応える責務がある。

ただし、事前の放射線監視システムが存在して複合災害時にも機能していなければ、自治体が調査できるのは、深刻事故発生から相当に時間が経ってからである。むしろ、自治体としては、国も自治体自身も調査・予測ができない不確実な初動状況のなかで、被災可能性を仮認定するかどうか、仮認定するとすればどのように行うのかが問われる。例えば、核害実態はその時点では不明でも、「念のために避難する」仮認定を自治体為政者がするべきときはある。あらゆる判断を確実な情報や国に委ねていては住民を守れないこともある。

「予防原則」という考え方に基づき、不確実ななかでは幅広く仮認定する姿勢も必要であるが、被災可能性のある事態は何でも常に仮認定をすべきともいえない。過小・過大認定のジレンマが、不確実性のなかで増幅される。限られた時間と限られた情報のなかでの決定には、唯一の正答はなく、結果責任を全て負わざるを得ない。そのような困難な決定をさせるために、住民が直接公選によって為政者を選んでいるのである。

④自治体の独自認定の意義——実態把握と不安解消

自治体が独自認定をする目的は、大きく二つある。第一は、核害被災という実態の把握である。第二は、未認定状態における住民の不安解消である。

第一の点に関して、実態把握は認定の基本である。住民としてもっとも悲惨なのは、核害の実態がありながら、核害の認定が為されない、被害の隠蔽・抑圧である。国などの認定に漏れが生じるのであれば、自治体が独自認定すべきであるし、さらに、それを梃子《てこ》に、国などに認定を迫る。逆に、核害実態がないときに核害認定が為されることも、住民には不都合である。したがって、過小認定の可能性と、過大認定の可能性と、両方に直面するジレンマ状態になる。

しかも、核害に関しては、特に急性放射線障害ではなく後障害の場合、科学的知見からも、確率的影響であって明確な閾値《いきち》があるわけではないので、閾値に照らした線引きができないともされる。つまり、専門的・科学的知見が確実ではないなかで、自治体の政治判断として認定をせざるを得ない。

第二の点に関して、住民の不安解消も自治体の大きな責務である。情報が乏しいなかで、安全であることを確認して安心したいという住民ニーズはある。不安とは、非常に曖昧であり、不安全という面と、不安心という面がある。その深意は、①核害実態がなく(＝安全)、②核害非災認定がなされ(＝安全認定)、③安心をする、というニーズである。しかし、現実に①②③ができる保証はない。

住民としては、認定のないまま放置されれば不安心であるが、核害(＝不安全)認定がされても、不安(＝不安全・不安心)は解消されない。核害認定は、被害対策の提示による将来的な不安全・不安心解消とセットでなければならない。逆に言えば、被害対策を提示できないと核害被災の認定は政治的には困難である。また、提示された被害対策は、あくまで将来に向けた不確実な方策であり、被害対策で不安心解消につながるかどうかも、わからない。

つまり、不安解消という目的は、実態把握という目的を阻害しうるのである。不安解消を優先させると、「安全」という方向での認定にバイアスがかかり、実態把握が歪む可能性がある。①核害実態があるが（＝不安全）、②核害非災認定がなされ（＝「安全」認定）、③「安心」をする、ということである。自治体はここでも大きな苦しいジレンマに直面する。

⑤自治体間や全国民的連携への努力

被災自治体は、核害被災の認定を踏まえて、今後は、補償と対策を実行しなければならない。核害被災の状況は、各人・各年齢層・各地区・各自治体で大きく異なる。したがって、それぞれの態様に応じて、各自治体が、臨機応変に逐次、きめ細かい対策を打ち出さなければならない。

被災して人的・財政的にも疲弊している被災自治体が、全力を振り絞ってニーズを明らかにして、補償・対策を実行し、また、国などからの支援を要求しなければならない。特に、「平成の市町村大合併」をした自治体は、職員削減をしたうえに、域内の細かい実態把握力が低下しているから、より一層の努力が必要である。被災自治体への全国の非災自治体からの補完・支援が求められているし、既に行われている。また、自治体間の協力によって、国・原子力事業者・専門家・報道機関などを動かさなければならない。そのためには、①被災自治体の広域的協議会、②都道府県単位、③地方六団体、として働きかけをすることである。

戦後日本の歴史から、国・事業者は、基本的には、被害者や被災者に対しては、寛大ではないこともある。したがって、核害被災自治体は、広く世間の理解を長期継続的に得るための難しい努力を続けなければならない。時期の経過とともに、被害に関する非災者の記憶は風化し、被害主張や救済・補償への非災者からの反感が高まる懸念も存在する。しかも、核害は、各人・各年齢層・各地区・各自治体によって異なる。全ての人が同じように発症するわけではないから、同一地区・自治体内部でも相違はある。ましてや、自治体間では、種類も程度も大きく異なる。自治体は、多種多様な核害を丁寧に認定して、類型化しつつ集約していく必要がある。

特に、核害被災した所在自治体に対して想定される批判言説は、「原子力発電所があることで経済的・財政的にメリットを享受したはず」「危険を承知で受け容れたはず」「自分たちで誘致したのではないか」などというものである。この言説は、核害だけで何の受益もない非所在の周辺被災自治体からも、潜在的には生じ得る。しかし、核害被災への補償・対策を否定されるのであれば、それ自体が二次被害である。被災自治体は、このような二次被害も防止して、住民生活を守らなければならない。

3　避難自治体の役割
――避難が長期化するなかで

①避難必要性の認定

核害認定において、もっとも根底的な問題は、住民が避難しなければならないかどうかである。避難決定は自治体にとっては非常に重い。なぜならば、自治体は、ある区域に住民が居住することで成立する人間の集団だからである。居住の持続可能性が、自治体にとっては決定的に重要なのである。

避難必要性の判断基準は、専門的知見にも根拠を置かねばならないが、同時に、単純に科学的・技術的に決まるものではない。年間累積放射線量がその指針を与えるが、もちろん、確実な専門的知見ではない。理由は簡単で、これまで実証先例がチェルノブイリ事故（一九八六年）しかないからであり、同事故からは二五年しか経過しておらず、低線量の晩発性障害は、経過観察中なのである。さらに、将来の核害を回避する得失は、避難に伴う社会的・経済的・健康的な得失と総合して、残留し続ける場合と比較衡量しなければならない。これは、国際放射線防護委員会（ＩＣＲＰ）を始めとする専門家にできることではなく、政策判断の問題である。

国の判断を待つ限り、自治体は住民を危険に晒し続ける可能性はある。したがって、自治体も自主的に認定し、自主的に行動を起こすしかない。実際、東海村ＪＣＯ臨界事故でも東海村・茨城県が避難・退避勧告をした。国に陳情し要望するだけでは限界がある。自治体としては、専門家の支援を受けることが望ましいが、小規模自治体では専門家の支援が得られないこともある。また、得られたとしても、どのような専門家であるかの鑑別をしないで、闇雲に信用することも不適切である。最終的には、専門的知識を持たない政治家の責任として、政策判断をするしかない。さらに、自治体あるいは住民の自主避難に対しても、国・原子力事業者からの補償をさせる努力が重要である。その点で、原子力損害賠償紛争審査会に継続的に働きかけなければならない。

②避難の長期化

自然災害に伴って、住民が長期に避難し、それに応じて、自治体機能も避難するということは、二〇〇〇年の三宅島噴火に伴って全島避難をした三宅村などの先例がある。また、戦災や戦後処理という国策の所為で住民の居住ができなくなった北方領土・硫黄島等の自治体もある。核害に直面する避難自治体も同様の問題がある。国は、「東日本大震災における原子力発電所の事故による災害に対処するための避難住民に係る事務処理の特例及び住所移転者に係る措置に関する法律」による対処をした。その仕組みも活用しつつ、避難自治体としては、以下のような作業が必要である。

第一に、避難中の自治体の政治・行政体制を整備する。一つには、避難自治体の住民の名簿を確定し、それぞれの避難先所在と連絡先を把握し、住民構成員を確定する。居住実態がなくとも住民基本台帳をそのまま使うか、別途の避難住民簿を調製するかは、自治体の判断次第である。そのうえで、二つ目として、住民の代表者としての首長・議員を選挙する。そして、三つ目として、首長・議員として避難自治体の意思決定をする。四つ目として、避難自治体の意思決定を実施するための行政機関・職員を確保する。これらの行政組織を通じて、各地に散らばっている住民に対して、必要な行政サービスを行き渡らせる。このように、自治体としての意思決定・実施システムを維持することが必要である。

第二に、避難自治体として避難住民に為すべき行政サービスを確定する。例えば、罹災証明、義援金配分、補償金要求・配分、住宅などの核害に起因する任務から、基礎的行政サービスである公立小中学校、保健・福祉・医療・介護などもある。さらには、避難住民の生業のために、仕事を作って避難住民を雇用することもあろう。しかし、避難自治体の最も根幹的な任務は、将来計画の策定である。後述するように、帰還か移転かを決断する必要があり、帰還に向けて帰還までの期間に何をどのように活動するかであり、あるいは、移転に向けて何をどのように活動するかであり、さらに、帰還あるいは移転後の自治体の将来構想を描くことである。

第三に、避難自治体が提供する行政サービス以外は、避難住民が避難先自治体で行政サービスを得られるようにすることである。避難先自治体が、避難自治体に成り代わって、避難住民のために為すべき行政サービスが何であるかを確定することであり、避難先自治体と避難自治体との役割分担である。避難先自治体に住民登録せずとも、避難先自治体で行政サービスを受けられる「現在地主義」を導入するか、避難先自治体に住民登録をしつつ、避難自治体にも住民登録をし続ける「二重登録主義」を導入するか、である。国は、避難住民が避難自治体(「指定自治体」)に届出をして、避難先自治体に通知することとする、前者を採用した。

③帰還か移転か――「帰還希求シナリオ」

核害の状況によっては、自治体全域または一部が、国によって、居住禁止区域に設定される可能性がある。あるいは、警戒区域が解除されないという形で、なし崩し的に禁止状態が継続する可能性もある。チェルノブイリ事故の場合、年間放射線量五ミリシーベルト以上の空間は、厳戒管理地区(強制移住地区)として指定され、居住は公的には認められていない。これは、地域社会・自治体の抹殺であり、一九世紀末に起きた足尾鉱毒事件の谷中村などを始め、ダム水没によって消えたムラなど、こうした非情な事例は国策によってこれまでもあった。

二〇一一年一二月一八日には、それまでの警戒区域(半径二〇キロ圏)・計画的避難区域を、年間放射線量(地上高さ一メートル、単位ミリシーベルト)に基づいて、再編する方針を示した。避難指示解除準備区域（二〇ミリシーベルト未満）、居住制限区域（二〇以上五〇未満）、帰還困難区域（五〇以上）である。旧ソ連の五ミリシーベルトに対して、日本は二〇ミリで線引きする。

補償や対策を厳しく求める被災自治体が消滅する可能性は、自治にとって重大な問題を投げ掛けている。国が住民の安全確保を目的に居住禁止区域を設定することは、充分にありうる。政府は、明確には「居住禁止」とは表現しないが、「五年経過してもなお年間二〇ミリシーベルトを下回らない区域」を「帰還困難」とし、将来にわたって居住を制限することを原則としている。また、国は、自治体の行政体制整備を目的に、避難自治体と周辺の残留自治体との合併を進めるかもしれない。その結果、避難自治体の声が希釈化するかもしれない。

避難自治体と住民は重要な岐路に立たされる。移転によって、自治体を地図から消し、住民を日本中に拡散させれば、事故の過去は消え去り、対策も忘却されうる。それとも、帰還という目標を掲げ続けるかである。とはいえ、近い将来の帰還という目標に現実性がある「帰還シナリオ」が成就すればよいが、そうでなければ、長く厳しい活動を続けざるを得ない。住民としても、核害の過去を背負って、対策を求めて暮らし続けるか、それとも、世間の忘却に併せて自分も敢えて辛い過去を封印して心機一転の新生活を始めるか、という問題である。どちらも厳しい現実を突きつける。いずれにせよ、国・原子力事業者に万全の支援をさせるには、自治体からの力が必要である。

現実的には、多くの住民が圏外に避難した場合、避難先での生活が長期に及べば、帰還への展望が開けなくなる。そうなれば、力のある住民は自力で、圏外での新しい生活を開始する。仮に帰還が適《かな》ったとしても、大幅な人口流出と離散は避けがたい。その場合には、個別的・五月雨《さみだれ》的に転出が進行する。

したがって、自治体・地域社会ごとの集団移転を模索することも生じよう。しかし、集団移転とはいっても、他の受入先自治体内のある区域に移住するのであって、新しい自治体を作る分村は現実的には困難である。一八八九年の「十津川崩れ」という自然災害を受けた奈良県十津川村住民の一部が、北海道に集団移住して作った新十津川町のように、新たな自治体を形成できなければ、受入先自治体のなかで声が埋もれかねない。

一つの方策は、以下の「帰還希求シナリオ」である。避難自治体・住民は、将来的な帰還の実現の旗を掲げて、避難住民の紐帯《ちゅうたい》と相互連絡を形成するとともに、帰還計画を立案し、帰還を可能とするような対策を国・原子力事業者・専門家に要請し続ける。とはいえ、現実には早期帰還の目処《めど》は立たないこともある。避難先での生活・生業のためには、避難先自治体の住民として日常生活を再開する。避難自治体は、放射線防護措置と健康追跡調査の方策を厳重にとったうえで、職員・住民などを交代で元の地域に派遣もしくは常駐させて地域監視を行う。また、自発的帰還者(「サマショール」)の発生は防がず、その人々へは前記の派遣・常駐職員によって、健康調査を含めた必要最低限の支援を行う。要する費用は、避難自治体が原子力事業者・国に求償する。

④「移転促進シナリオ」

――「核処分場シナリオ」への警戒の必要性

避難自治体の別のシナリオは、「移転促進シナリオ」である。避難自治体・住民は、将来的な帰還の実現の旗を下ろし、積極的に移転を進める。元住民の紐帯と相互連絡を形成するために、任意団体を形成して、交流・親睦・記録・記憶継承を図る。避難先での生活・生業が必要なので、避難先自治体の住民として日常生活の開始を促進するために、原子力事業者・国からの支援を要求する。避難自治体は、住民が皆無になるので、特別立法によって機能を停止する。自発的帰還者の発生は、国が禁止する。

「移転促進シナリオ」は、避難自治体にとっては苦渋の選択となろうが、住民や自治体にとってやむを得ない選択であればあるほど、原子力事業者・国は費用を負担しない。原子力事業者・国は、自発的・五月雨的に移転が生じるのを待てばよい。原子力事業者・国が費用負担をするのは、社策・国策の観点から必要なときだけである。その必要性とは、放射性廃棄物の「暫定的」（もしかすると永久的かもしれない）「中間貯蔵施設」（もしかすると処分施設かもしれない）として、帰還困難区域を利用しようと考えるときであろう。この国・原子力事業者・専門家が提示するかもしれない「核処分場シナリオ」は、避難自治体にとっては警戒すべきものとなる。

「核処分場シナリオ」では、避難自治体・住民は移転してもらう必要がある。帰還の可能性とは一致しないから、「帰還希求シナリオ」とは鋭く対立する。避難自治体が「帰還希求シナリオ」を掲げる限り、「核処分場シナリオ」は実現しない。「移転促進シナリオ」では、移転や生活再建のための支援を避難自治体・住民が求めているから、核処分場の受け入れの対価として支援を行う形で両立可能である。住民が移転するならば、国・原子力事業者は、避難自治体の区域においては、帰還のための除染等の安全性向上対策はとらなくてよいし、汚染地区の「安全」性を宣言する必要もない。様々な放射性廃棄物に対して、広大な核処分場が確保される。国・原子力事業者は、補償を支払わなければならないのであれば、積年の懸案である核処分場の確保と取引するかもしれない。

避難自治体は、「核処分場シナリオ」が提示されることを想定して、将来計画を立案する必要がある。核害の被災者である避難自治体・住民に、「核処分場シナリオ」という、さらに苛酷な選択が問われる可能性がある。避難自治体にとっての苦悩こそが、国・原子力事業者・専門家にとっての期待となりうる。そして、全国の自治体や国民が、「核処分場シナリオ」を国などが提示することを許容するかどうかも、道義的・政治的にも深刻な問題である。

⑤帰還に伴う第二の「安全神話」

「帰還シナリオ」が実現し、帰還が適ったとしても、どのように地域・自治体の復興を図るかが、深刻な課題である。国が設定する「厳しい」基準に基づいて、安全性が確保されることが帰還の前提である。しかし、本当に安全な状態で帰還できるのかどうかは、現時点では不明である。また、安全でなければ帰還してはいけないのかとも言えない。実証先例のない事態なので、専門的知見から確実な政策提言をすることは困難である。

避難自治体住民の悲願は、安全な元の地域に戻りたいということである。そこで、帰還実現のためには、国・原子力事業者・専門家・避難自治体などが調査・除染計画の立案・除染作業を行い、国などは「安全」を宣言し、自治体・住民もそれを信用することで、全て終息させる。避難自治体・住民も早く「安全」宣言を欲するため、国などは「安全」を宣言する方向でバイアスがかかりうる。そうなれば、帰還をするための第二の「安全神話」になり得る。

国などは「安全」性を宣言した以上、その後の核害の追跡・検証を恐れ、調査の懈怠《けたい》、被害事実の抑圧と情報の非公表がなされうる。核害を表面化させると、「せっかく故郷に戻れたのに、また移転せざるを得なくなる」として、帰還自治体・住民の間でも、自発的に我慢と自粛が生じうる。このようになると、「安全」と言い続けざるを得ず、第二の「安全神話」が強化される危険もある。その後に、どうしても核害の事実を抑えきれず、再び核害被災の事実が表面化し、二次被害が生じることもないとは言えない。しかし、国などだけではなく帰還自治体・住民自体が自発的に忍従し得るなかで、核害を認定させることは、被害者にとっては非常な困難が伴うであろう。

むしろ、安全と確実に言えないなかで、帰還の自由(権利)を保障することも大事かもしれない。その後、被害が発生したら、不安全が実証されたとして救済する方が、第二の「安全神話」にはならない。とはいえ、「危険がわかっていて帰還した人の自己責任だ」という言説には苦しめられるかもしれない。また、全ての帰還者が被害を発現するとは限らないから、むしろ、「帰還しても何の被害もない」という第二の「安全神話」の証拠《エビデンス》としての生長につながるかもしれない。

4　残留自治体
——避難していない被災自治体の役割

①当面の措置

核害を受けながらも、避難していない被災自治体を、本ブックレットでは残留自治体と呼んでおこう。残留自治体の範囲は、核害の種別と程度の認定によって広狭・濃淡が多様であるが、空間放射線量が事故以前より相当に高いエリアから（二〇一一年一二月二八日に、年間一ミリシーベルト以上の地域は市町村単位で汚染状況重点調査地域に指定された。図1）、一次産品の出荷制限がなされた都県にまで及び、本州東日本一帯は少なくとも含まれる。残留自治体が直面している当面の措置は、以下のようなものである。

(ア)学校安全

専門的知見からは、核害の影響は若年層に深刻であると想定されている。このため、学校施設での外部被曝を想定し、屋外活動の制限などが実施されて

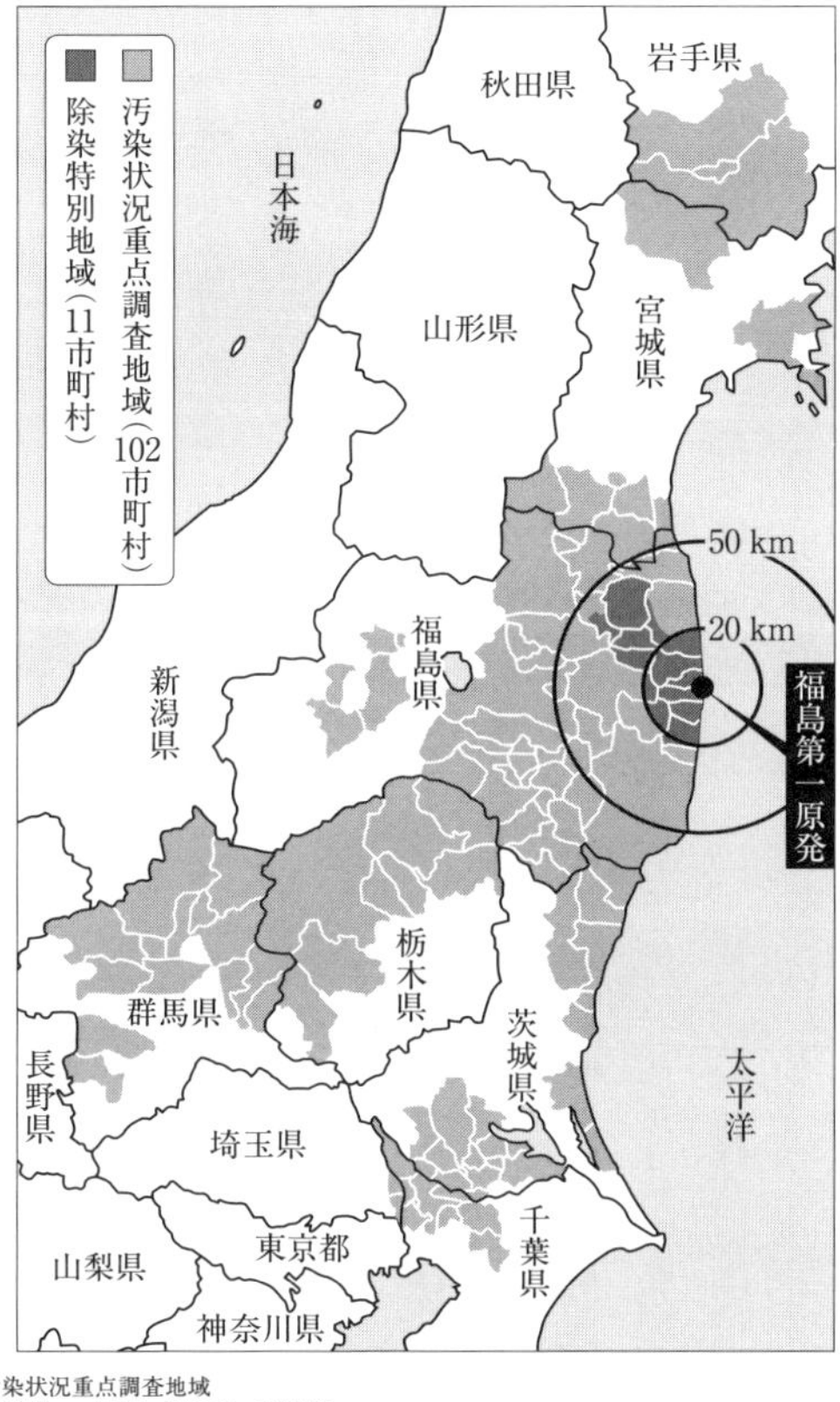

■汚染状況重点調査地域
【岩手県】　一関市，奥州市，平泉町
【宮城県】　石巻市，白石市，角田市，栗原市，七ケ宿町，大河原町，丸森町，山元町
【福島県】　福島市，郡山市，いわき市，白河市，須賀川市，相馬市，二本松市，伊達市，本宮市，桑折町，国見町，大玉村，鏡石町，天栄村，会津坂下町，湯川村，三島町，昭和村，会津美里町，西郷村，泉崎村，中島村，矢吹町，棚倉町，矢祭町，塙町，鮫川村，石川町，玉川村，平田村，浅川町，古殿町，三春町，小野町，広野町，新地町．田村市，南相馬市，川俣町，川内村は警戒区域や計画的避難区域もあるが，そうした区域以外の地域
【茨城県】　日立市，土浦市，龍ケ崎市，常総市，常陸太田市，高萩市，北茨城市，取手市，牛久市，つくば市，ひたちなか市，鹿嶋市，守谷市，稲敷市，鉾田市，つくばみらい市，東海村，美浦村，阿見町，利根町
【栃木県】　佐野市，鹿沼市，日光市，大田原市，矢板市，那須塩原市，塩谷町，那須町
【群馬県】　桐生市，沼田市，渋川市，安中市，みどり市，下仁田町，中之条町，高山村，東吾妻町，片品村，川場村，みなかみ町
【埼玉県】　三郷市，吉川市
【千葉県】　松戸市，野田市，佐倉市，柏市，流山市，我孫子市，鎌ケ谷市，印西市，白井市

■除染特別地域
【福島県】　楢葉町，富岡町，大熊町，双葉町，浪江町，葛尾村，飯舘村．田村市，南相馬市，川俣町，川内村で警戒区域または計画的避難区域である地域

図1　政府が除染に向けて指定した地域

いる。基準は、専門的知見に基づいて設定されなければならないが、確定的な知見もないうえに、閾値が存在しないという見解が有力であるため、その基準は非常に脆弱である。国(文部科学省)が、国際的な専門家などから成るICRP(国際放射線防護委員会)という任意団体の権威を援用して、これまでの年間一ミリシーベルトではなく二〇ミリシーベルト基準を策定したが、当然ながら、被災自治体の保護者から大きな反発が生じた。

逆に言えば、ある基準を超えて屋外活動をしても、直ちに影響があるわけではない。ということで、被災自治体あるいは校長の政策判断に左右される。「屋外でのびのび活動できない子供はかわいそうだ」などとして、屋外活動の制限を解除する判断も可能である。こうした決断の帰結が明らかになるのは、かなりの時間が経ってからである。

屋外活動制限・除染・立入禁止などの対策を採ってもなお核害が懸念される場合には、学校全体の集団疎開が選択肢に登場する。チェルノブイリ事故に際しては、ウクライナ政府は「早めの夏休みキャンプ」と称して集団疎開策を採った。もちろん、集団疎開に必要な財源や、児童生徒を保護者から引き離すことの不利益との比較衡量が必要である。また、個々の保護者・児童生徒が残留したいと希望したときの配慮と対策も必要となってくる。残留したい児童生徒がいる以上、残留自治体は残留地域内に学校を設置し続けなければならない。このように考えると、残留自治体は、中長期的に確率的に発生しうる晩発性の放射線障害と、短期的に負担と混乱などが想定される集団疎開とを比較衡量して、先送り的に集団疎開には消極的となることが想定される。むしろ、早期の学校再開を目指すかもしれない。

児童生徒は、特に放射線被害の影響が懸念されるから、給食の安全管理は深刻である。後述する風評被害を避けるために、わざわざ、被災地産の食材を使う自治体が生じるかもしれない。確かに、自治体が率先して被災地産の食材を忌避すれば、風評被害を助長するおそれはある。しかし、基準値以下ならば安全と言いきれない以上、特に若年層の摂取は少なければ少ないほどよい。それを児童生徒に優先的に摂取させる自治体があるとすれば、無責任といわざるを得ない。

(イ)妊産婦・乳幼児・若年層の保護

学校安全が先行的に課題となってきたが、児童生徒の全生活が学校内でなされているわけではない。また、全ての若年層が学校に通学しているわけではない。さらに言えば、より手厚い保護が必要と考えられる妊産婦・乳幼児は、学校安全では対処しきれない。しかし、公立学校のような自治体が網羅的に管理できる施設がないために、妊産婦・乳幼児保護は後手に回りがちである。本来ならば、苛酷事故発生直後に、自治体に備蓄されていた安定ヨウ素剤を緊急に配付・摂取させるべきであったが、その対策は為されなかった。

検診・相談などで不安心解消に努めるとしても、具体的方策があまりないのが実情である。飲料水から放射性物質が基準値以上に検出されたときには、自治体は乳児ミルク用を想定してペットボトル飲料水を配給した。より安全な飲料水・食品安全を、妊産婦・乳幼児に優先的に確保するのが、自治体の任務となろう。年齢層によって影響が異なりうるという専門的知見を考慮して、年齢層によって基準を異にするのは、必要なことである。

(ウ)空間除染・立入禁止と第三の「安全神話」

外部被曝を減少させるには、地域空間全体の除染が必要になる。しかし、空間除染が困難であれば、特に空間放射線量の高い地点は立入禁止にするしかない。これらは、自治体の任務である。

もっとも、空間除染は、技術的方法が確立しているわけではなく、試行錯誤が続いている。結局のところ、除染作業は、水で洗い流すとか、土を入れ替えるとか、植物に吸着させるということである。除染作業中に吸引して、かえって内部被曝を生むかもしれない。放射性物質を消滅させるのではなく、端的に言えば、濃縮したり希釈したりしながら、右から左に動かすようなものであり、大量の放射性廃棄物・廃液の処理を必要とする。したがって、将来的にも、有効な除染方策は技術的には存在しないのかもしれない。希望を持つことは大事であるが、除染に期待をしすぎると、「除染をしたから安全だ」「事故が起きても除染をすればよい」という第三の「安全神話」が生成するかもしれない。

残留自治体としては、専門家の支援を受けて除染方策の開発に積極的に乗り出す必要もある。しかし、ほとんど役に立たない除染方策が試行されることもあろう。残留自治体は、専門家の真贋《しんがん》を見極め、有能かつ良心的な専門家の支援を得ることが、任務となる。また、除染作業には膨大な財源が必要である。原子力事業者・国などが賠償・補償・費用償還すべきものであり、残留自治体としては、効果的に財源を要求しなければならない。あわせて、除染事業が、新種の原発事故依存の公共事業利権になる可能性もあり、同時に雇用の機会にもなりうるので、残留自治体は危うい舵取りを迫られよう。

(エ)飲料水・食品安全と第四の「安全神話」

内部被曝を避けるためには、飲料水・食品の安全確保が重要である。上水道は自治体の任務であるため、上水の直接的な供給者として、自治体は自ら品質確保に当たる。そのための検査を行うことが不可欠である。仮に、基準値を上回る場合には、断水または摂取制限のうえで、ペットボトル飲料の配付または給水車という代替的手法で、飲料水の提供をしなければならない。雨水・貯水池・河川・地下水などの核害を避けることは自治体としては困難であり、常に、飲料水の備蓄および緊急時に融通してくれる相手の確保が必要である。

広範囲かつ長期に摂取不可となった場合の影響は極めて深刻である。しかし、その混乱を恐れて、検査を怠り、あるいは、検査結果を隠蔽すれば、さらなる大混乱を引き起こす。そのため、基準を緩めて「安全」とするバイアスが作用しやすい。

食品に関しては、自治体は直接的な供給者ではないので、出荷・流通・消費段階での検査を行う。ここでも出荷・流通・消費制限が多くなると混乱が起きるので、基準を緩めるバイアスが作用する。生産地の残留自治体は出荷段階での検査が任務である。消費地の残留自治体は、流通・消費段階での検査が任務である。前者で不検出のものが、後者で検出されると、物流を遡って追跡調査が必要であり、問題はより深刻化する。その意味では生産地段階での検査と、必要に応じた出荷停止が、効果的である。

もっとも、個別には一定基準未満の上水・食品が出荷・流通・消費されているとしても、外部被曝と合わせて、それらを生活として総合的に積算した場合にはどのようになるのかは、必ずしも明確ではない。個別食品の基準は、ある個々人の食生活を総合的に構築して、想定される内部被曝を計算し、そこから逆算することになる。しかし、そのようなモデルは極めて脆弱である。このような問題は、放射性物質だけでなく、食品に含まれる様々な有害物質に関しても共通するのである。食品安全の根拠を問われるとき、残留自治体としては判断に困ることがあろう。このため、国や専門家による「お墨付き」に依存したくなるだろう。こうして、緩める方向でバイアスのかかりやすい基準を「安全」という、第四の「安全神話」が生成するかもしれない。

生産地の残留自治体は、できれば経済活動のために出荷をしたいという願望がある。検査には費用がかかるし、出荷停止になった場合の経済的損失も膨大である。そのため、網羅的な品目に関する検査はなかなか実施しにくい。ところが、散発的な検査のみで、結果的に流通・消費段階で基準値以上が検出されると、検査をしていない品目にまで拡張して、安全性への疑念が生じかねない。それを払拭するには、結果的に、生産地の残留自治体は、網羅的な検査に踏み込まざるを得なくなる。この間の対応が、しばしば後手に回る逐次対応となり、事態を長期化させかねない。そこで、検査を網羅的に行ったうえで、基準値を満たしているとする「安全」をアピールしたくなる。このようなバイアスは、基準を緩める方向に作用する。

(オ)放射性廃棄物処理

一定基準(一キログラム当たり八〇〇〇ベクレル)以下の廃棄物は通常処分ができるとしても、民間施設や非災自治体が受け入れを拒否する可能性はある。したがって、被災自治体が直轄で処分場を設営せざるを得ない。結局、基準以下であれ基準以上であれ、自治体が責任を持つしかなくなる。しかし、その負担は市町村処理原則では耐えがたい。全額国庫負担や府県への委託であっても、その負担は大きい。国直轄処理・国営処分場建設でも、国には直轄実行部隊がないために、結局は自治体に再委託される。

一定基準以下でも住民の不安は生じる。基準が専門的知見から妥当であるという実証はされていないからである。したがって、基準以下でも以上でも、放射性廃棄物専用の遮断型最終処分場が必要になる。しかし、どこに建設するのかという問題に直面する。残留自治体に建設するのであれば、核害被災に加えての二重の負担であるし、遠方非災自治体に建設するのであれば、放射性廃棄物を全国に拡散させる。どちらも望ましい話ではない。さらに言えば、安全な遮断型最終処分場が本当に作れるのかどうかも、実証されていないから、不安解消はできない。

そもそも核廃棄物は、基本的には最終処分地が決まっておらず、暫定・中間貯蔵地がそのまま恒久・最終処分地になる懸念がある。これまでの核関連施設の立地の論理から見て、一端受け入れると集中する傾向がある。ならば、できるだけ最終処分地は受け入れたくない。そのため、暫定貯蔵施設に留め置かれる。しかし暫定的ではあれ、最終処分地の見通しがない以上、なし崩し的に長期化される。こうなると、暫定貯蔵施設でさえ受け入れられない。

それゆえ、そもそも、処分方法も決まらないまま、適切な管理もされないまま、積み上げられるという事態にもなる。多くの残留自治体が、放射性廃棄物の脇で暮らすことが継続する可能性もある。その結果として、単に廃棄物処分場に投棄した以上に、不安は増幅される。それならば、基準を緩めて非放射性廃棄物にしてしまうバイアス(第四の「安全神話」の一種)も作用する。このようななかで、避難自治体の区域が、核処分場として狙われる危険が高まっていく。残留自治体・避難自治体とも、非常に苦しい選択を迫られることになる。

(カ)個別的転出

残留自治体が、様々な対策を採ってもなお、不安が残る場合には、住民の自己判断によって個別的転出がなされる。事実上の個別的疎開である。現に、核害被災自治体からの住民の転出は、二〇一一年三月以降、進んでいる。特に、核害の影響が懸念される妊産婦・乳幼児・若年層が問題である。実際、仮に保護者は残留したとしても、遠方の学校への児童生徒の疎開的な転校は、各保護者の判断で進められており、夏休みにその動きは加速された。

　残留自治体・残留住民も、疎開先自治体・住民も、疎開する住民も、複雑な思いを持つかもしれない。しかし、核害状況では、個別的疎開行動を、むしろ積極的に受容・支援すべきであろう。どこに居住するかは住民が自己決定できるのが、「居住自由に基づく自治の原理」である。残留自治体・疎開先自治体は、いずれも、そうした住民の居住（残留・避難・転出）の選択を支援するのが任務である。避難自治体の区域内に自発的帰還がなされる場合も、避難自治体は自発的帰還者を支援するという「帰還希求シナリオ」も、この原理に基づく。

②風評被害論と第五の「安全神話」

　被災自治体を中心に、農産物・海産物などの食品生産や観光に関して、風評被害が問題となっている。「風評被害」とは、関谷直也の定義に従えば、「ある社会問題（事件・事故・環境汚染・災害・不況）が報道されることによって、本来安全とされるもの（食品・商品・土地・企業）を人々が危険視し、消費、観光、取引をやめることなどによって引き起こされる経済的被害のこと」とされる（括弧は原文のまま。『風評被害』光文社新書、二〇一一年、一二頁）。

　重要なポイントは、「本来安全とされる」とは、「科学的安全」という意味ではなく、ある立場の人にとって主観的に安全かどうかということである。

　「事実上汚染があった」「安全ではない」とされる場合には「事実上の被害（公害、環境汚染）」であり、「風評被害」ではない。つまり、同じ事件などがあっても、「安全」という立場からは「風評被害」になるが、「安全ではない」という立場からは「風評被害ではない」＝本当の被害、ということになる。

　放射性物質に関しては、ガイガーカウンターやモニタリングポストなどによって放射線量の測定が可能なため、初期段階で放射線放出や放射性物質の汚染の有無が確定でき、放出・汚染がない場合には、安全であり風評被害と言える。原子力船むつの放射能漏れ事故(一九七四年)や東海村JCOの臨界事故では、放射性物質の漏出がなかったので、風評被害とされた。風評被害論は、原子力事故と密接な関わりで形成されてきた。

そこで、今回の深刻事故でも、あらかじめ準備されてきた風評被害論が、国・原子力事業者・自治体・生産業者などによって使用されている。ただし、実際には、今回は放射性物質の大量放出があったので、過去の事故とは異なる。

風評被害論は、《安全ではあるが経済被害が起きているのであり、補償の対象とすべき》という内容である。生産者・被災自治体は、不安全という認定を受けるのは回避したい。しかし、安全ならば、購買や旅行は消費者の市場での選択の問題であって、補償を受けられない可能性がある。それでは、生産業者・観光業者などや被災自治体は困る。売り上げや観光客が減少しているのは、厳然たる事実である。そこで、「安全」の認定と被害=補償の認定を同時に行う仕掛けが、風評被害論である。生産業者・観光業者等や被災自治体が編み出してきた、したたかであるが苦肉の言説である。

風評被害論は、国・原子力事業者にも受け入れられてきた。「安全」認定は、安全神話をうたう国・原子力事業者にとっても望ましい。また、核害がないのに補償するのは責任の観点で受け入れがたいが、経済被害がある以上、補償に対する弁明が成り立つ。

加えて、市場に出回っている生産物は「安全」であり、そのような商品を忌避する消費者行動は不適切である、といえる。あるいは、空間放射線量などの測定をしており、当該観光地は「安全」であり、そのような観光を忌避する消費者の旅行行動は不適切である、といえる。つまり、風評被害論とは、消費者非難の論法にもなる。真の原因者である原子力事業者・国の責任を棚上げし、互いに被害者であるはずの消費者・生産者を、消費者が加害者、生産者が被害者、という図式に分断する。

消費者がそのうち忘却すれば、風評被害は自然に収まるはずである。ただ、土壌・水中に長期に放射性セシウム・ストロンチウムなどの放射性物質が残存するとなると、風評被害は長く続くかもしれない。そもそも、実害であって風評被害ではないかもしれない。だから、単純に事故以前の状態に戻るという復旧は困難かもしれない。一度傷つけられたイメージの回復は難しく、「安全で美味しい」などというブランドを形成することは、容易ではない。

元来は、風評被害論は、安全実態を前提とする。そのため、生産業者・観光業者等や被災自治体としては、安全性を広報したい政策的意図を持つ。これが第五の「安全神話」になったときには、新たな問題を引き起こしうる。不安全な商品・観光地まで「安全」と称するからである。こうなっては、被害者から加害者に転じてしまう。

初期の反応として、「安全に決まっている」し、「検査すると却って不安を掻き立てる」から、検査を忌避するという選択もありうる。しかし、不検査が「不安全」を推定させるようになると、一転して挙証責任は転嫁され、被災自治体や生産業者などは、自ら検査をして「安全」を立証しなければならなくなる。基準自体は、第四の「安全神話」の影響を受けうる。こうした検査の結果、「危険」な商品が市場から排除されるかもしれない。しかし、この費用は膨大である。さらに、全品目・全商品に疑念は拡大しうる。二〇一一年産米の検査計画に見られるように、通常の検査はサンプル検査であるが、それでは収束がつかない可能性もある。したがって、費用と実効性の観点からも、風評被害論は、難しい問題を連鎖的に引き起こすのである。

③克服か風化か――残留自治体の復興構想

(ア)克服へ向けて

深刻な核害を受けた自治体では、風化を期待することはありえない。少なくとも、福島県・県内市町村は、風化を期待することは困難であろう。むしろ、核害認定を風化させては、被害救済・補償が忘却される。したがって、核害を正面から直視し、それを克服する復興構想を持つ必要があろう。

そして、単に被害者として補償を要求するだけでは、地域・自治体の構築にはつながらない。核害被災の事実をもとに、二度と繰り返さないように、あるいは、これまでの社会の在り方を見直すように、全面的に方針転換をし、社会に訴えかけることである。そのためには、安全神話に依拠してしまった過去の自治体自身の在り方に対して、真摯な見直しも必要になる。戦前の軍都広島は、被爆都市として、戦後は平和記念都市として生まれ変わり、様々な限界はあったにせよ、反核兵器運動と被爆者救済の先頭に立ってきた。核害は正面から克服しない限り、陰に籠もった差別につながりかねない。

たとえば、野菜・穀物の作付け禁止となっている田畑で、脱原子力にもつながるバイオ燃料用の栽培をするという構想が発表されている。こうした構想の苗を増やし、核害被災自治体ならではの構想を展開する必要がある。しかし、残留自治体は、日々の核害被災や風評被害への対処に追われて、なかなか将来構想を立案するまでには至らないかもしれない。しかし、中長期的な展望を持つことは、被災自治体にとって不可欠なことである。

(イ)克服自治体のエネルギー構想

①過剰な原子力エネルギー推進、②電力の過大消費、③都会と地方の地域間の不公正、などの不条理の結果として今回の核害が発生したとすれば、①原子力以外の自然・ソフト・代替エネルギーを含めた各種エネルギー源のバランスの回復、②電力消費の抑制あるいはガス・灯油などの復権、③エネルギーの生産地と消費地の近接化(地産地消)、などが当面の構想の基盤となろう。全国の各種の専門家の叡智が期待されている。

これは、克服自治体の内部的な将来構想というだけではなく、核害被災自治体として、国・原子力事業者・専門家・報道機関や全国の自治体に、エネルギー政策や発電所立地政策など国策の検証と見直しを発信する。ただ、注意をしなければならないのは、自治体が国策に関わる議論の土俵に乗るには、それなりの周到な理論的準備が必要だということである。克服自治体として何をするのか、国に対して構想を認めさせていくことが肝要である。

①では、新規原子力発電所の立地を認めないことや、既存の原子力発電所の再稼働の拒否と廃炉の要求という、脱原発は可能であろう。また、地熱・風力などの自然エネルギーは、地理的条件に左右されるので、克服自治体に可能性があるかどうかは、何ともいえない。耕作放棄地・休耕地は、もともと農地であるから太陽光を受けることは確実であり、太陽光・熱発電などの可能性はある。核害被災した農地は、作付け・出荷の制限が課される可能性もあり、やむなく、「電田」に転作せざるを得ないこともあろう。また、当面の現実策として、石炭や天然ガスなどの化石燃料の効率化も重要であろう。

②では、生活スタイルの問題として、住民や企業に訴えかける。もっとも、電力抑制が工業生産を制約するなど、経済活動への足枷《あしかせ》になる危険もある。しかし、それでは核害を克服できない。やはり、積極的に、エネルギー消費の抑制に舵を切る方策が考えられる。省エネルギーによる産業育成を積極的に推進するのが、地域の経済政策となろう。

③では、分散型電源により、エネルギーの地産地消を推進する。エネルギーの地産地消は、受益と受害の一致による社会的公平性の回復とともに、安全性への向上努力を国・原子力事業者・受益地住民などに動機づける(第2章3③で後述する)。

(ウ)克服自治体の経済・財政構想

所在自治体が原子力発電所の立地を受け入れたのは、安全神話もさることながら、受け入れの見返りとしての経済・財政的な魅力による。その論理は基地・ダムなどの迷惑施設の受け入れ一般に通じる。当該自治体には反基地構想・脱ダム構想などはありえたが、それだけでは構想は描ききれない。基地・ダム抜きでの経済・財政構想が描けなければならないからである。克服自治体の構想も、経済・財政的な目配りがない限り、持続可能ではない。

ところが、所在自治体も、簡単に経済・財政構想が描けなかったからこそ、原子力発電所の立地に依存した面がある。その原子力発電所が深刻事故を起こしたからと言って、経済・財政構想が描ける条件が登場するわけではない。むしろ、核害被災の影響で、豊かな自然環境などを地域資源にした経済構想の可能性を、毀損した。つまり、原子力発電所の立地以前より、状況は悪化している。核害に不安がある状況下では、医療・健康・福祉を地域活性化の基軸に打ち出すことも難しい。

しかし、地方交付税制度や過疎対策制度など、一般の地域政策で、最低限度の経済・財政対策はなされている。そもそも、多くの残留克服自治体は、これまでも原子力発電所をあてにした経済・財政だったわけでもない。したがって、特段に豊かな経済・財政状態を求めなければ、特段の経済・財政構想は不要である。あるいは、高齢化の進行とともに、原子力発電所関係の雇用に依存する必要性は、以前よりは低下している。残留自治体として、どのように発想を転換するかという問題である。

それでもなお、経済・財政構想が必要と考えるならば、旧産炭地域の自治体の先例を参考にできる。福島県は旧産炭地域でもある。すなわち、エネルギー政策の転換による炭鉱閉山に伴う地域社会の崩壊、大量失業の発生と、自治体の財政困窮という閉山後遺症への対策として、旧産炭地域振興臨時措置法など石炭六法に基づく産炭地域政策を国に執らせた。その前提は、旧産炭地域自治体が、旧産炭地域振興の構想を掲げ、国に強力な圧力活動を行ったことである。この類比で言えば、「旧電源地域振興臨時措置法」(仮称)などを制定させ、原子力発電所などの深刻事故によって被災・疲弊した残留自治体への財政支援を得るなどの方策が考えられる。もちろん、旧産炭地域政策でも同様であるが、ただ単に、財源が欲しいというだけでは説得力を持たない。「旧電源地域」(核害被災自治体)として、どのような地域ニーズが存在し、施策が必要となり、ひいては、財政需要が発生しているか、という立論が必要である。

(エ)克服自治体の原子力対策構想と第六の「安全神話」

核害の克服として、放射線防護・治療や原子力安全を正面に据えた構想を展開する選択肢もある。エネルギー構想だけでは、核害実態は消えない。核害克服のためには、放射線・原子力の専門家や国の行政機関・研究機関を活用することが必要である。もっとも、安全神話を流布させ、核害をもたらした専門家や国を、被災自治体として素直に受容できるかどうかは、難しい問題もある。そのため、克服自治体には、専門家や国を使いこなすという、確固たる構想と意思と能力がなければならない。

しかも、この克服方策には重大なジレンマがある。放射線防護や原子力安全が成功すれば成功するほど、原子力発電所は世界に増える。もちろん、安全性の向上は望ましいし、事故時の減災は望ましい。しかし、深刻事故や核害の可能性は否定できない。さらに言えば、苛酷事故が起きても対策があるならば、原子力事業者や規制当局は、何としても事故を防ごうという意志は弱まるだろう。そのときに、核害の「先進地」として、次なる核害を実質的には促進した道義的な責めを負いかねない。通常の工学的技術であれば、失敗を克服して新たに作り、さらに失敗すればさらに克服を目指す、という失敗学も許されよう。しかし、放射線防護や原子力安全に、同じような、失敗・克服の無限連鎖が許容されるかどうかは、定かではないのである。

国が原子力推進の国策を維持するならば、克服自治体が脱原発構想を掲げることは望まない。しかし、放射線防護・治療や原子力安全に向けた原子力対策構想を掲げることは、むしろ歓迎するかもしれない。原子力深刻事故「先進国」「被曝国」として、放射線治療・防護と原子力安全の「先進」技術を国際的にもアピールし、事故が起きても次回は「安全」な原子力発電所の世界的増加・輸出に寄与するからである。このようにして、第六の「安全神話」の形成に克服自治体は使われてしまうかもしれない。克服自治体にとっての苦悩こそが、国・原子力事業者・専門家にとっての期待となりうる。

この場合には、克服自治体の原子力対策構想には、国・原子力事業者などからの支援が受けられるかもしれない。経済・財政構想が描けなければ描けないほど、原子力対策構想によって国の支援を得ようという方策の魅力は高まる。国策に寄与する限りにおいて「旧電源地域振興臨時措置法」（仮称）あるいは「電源地域再編特別措置法」（仮称）が制定可能になるかもしれない。ここで、克服自治体は第六の「安全神話」に乗って「国策に寄与することで資金援助を得る」という、かつてと同じ轍《てつ》を踏むのではないかと、自問自答するだろう。

（オ）風化自治体

核害の度合いが低ければ、風評被害と核害実態の双方が時間の経過とともに風化することを待つことも、充分に考えられる。ただし、これまでのようにブランドを再構築できるまでには、時間がかかる。むしろ、風評被害撲滅キャンペーンとして、安全であると、頑張っている姿を見せることで、全国の支援を呼び起こせるかもしれない。そうして風評被害の風化を促進することも考えられる。

とはいえ、克服自治体と風化自治体の線引きは実は難しいし、本当は、截然《せつぜん》と分けられる訳ではない。核害は濃淡があり、度合いは徐々に遷移する。核害が深刻であれば克服を目指すし、核害がなければ風化を目指す。しかし、中間領域は非常に厄介である。また、克服自治体の被害アピールは風化を阻害しうるし、風化自治体の頑張りアピールは克服を阻害しうる。きめ細かい繊細な対処が必要である。

④健康追跡調査と自治体および第七の「安全神話」

本州東日本を中心とする残留自治体は、事故以前よりは高い放射線量・内部外部被曝のもとでの生活となる。放射線障害は急性のものではなくとも、甲状腺ガン、白血病などの晩発性障害や、膀胱炎、心臓疾患（チェルノブイリ・ハート）、水頭症、その他身体障害・知的障害なども不安である。さらに言えば、死亡や発ガンにまで至らなくとも、全身倦怠・脱力から出血しやすい、病気にかかりやすいなどの、様々な障害も懸念される。そもそも、前例のない深刻事故であり、科学的知見がない。健康状態の追跡調査を求める住民ニーズが存在する。そのため、残留自治体としては、網羅的・定期的・継続的な健康調査・検診をすることになろう。もちろん、大量な財源も人的資源も要する事業であり、原子力事業者・国への求償が不可欠である。

もっとも、住民の真のニーズは、健康調査それ自体ではなく、健康の確保である。健康調査・検診だけでは病気は治らないし、病気も防げない。健康調査は、予防方策・治療方策とセットで提示されなければ、住民の不安全・不安心解消にはならない。例えば、チェルノブイリ事故での小児甲状腺ガンの多発に関しては、治癒率が高かったという専門的知見に従えば、治療に結びつく健康調査・検診を継続的にすることには意味がある。しかし、逆に言えば、治療方策のない健康被害は、因果関係を認定しない方向へバイアスが働きやすいことも意味している。

住民の次善のニーズは、仮に将来的に健康被害が発生したときにも、核害に起因する健康被害であることを疫学的調査によって明らかにし、補償と結びつけることである。また、治療方策の実行可能性も、補償金の多寡に左右される。これまでの多くの公害・薬害事件や労災事件では、因果関係を明確に立証することが困難であり、被害が発生しても相当因果関係が認定されずに、救済・補償が得られないことがある。こうした問題を予防するためには、健康調査を大規模に実施することが必要になる。

しかし、健康調査の費用を負担する国・原子力事業者や、実施する専門家が健康調査に期待する事柄は、残留自治体や住民とは異なりうる。簡単に言えば、深刻事故が起こっても健康被害は微少という第七の「安全神話」の立証や、放射線障害に伴うデータ収集と研究推進である。広島・長崎の被爆者調査、チェルノブイリ事故の被害者調査に次いで、三回目の大規模調査が可能になる事態なのである。これは、国策とシンクロした克服自治体の原子力対策構想と親和性がある。しかも、残留自治体や住民にも、第七の「安全神話」を希求する動機がないわけでもない。どんなに除染しようと、放射能汚染は消えない。深刻事故があっても、そこに住み続けるというただそれだけの理由で、〈安全でなければならない→安全であってほしい→「安全」のはずである〉ということになるかもしれない（四三―四四頁も参照）。残留自治体はここでもジレンマに直面する。

残留被災自治体が健康調査をしなくとも、被爆者に対してアメリカが行ったように、国・原子力事業者・専門家・国際機関が、第七の「安全神話」の確立などのそれぞれの目的にしたがって、健康調査を実施して分析するかもしれない。さらに、被災住民や被災自治体に都合の悪い調査結果を開示・公表しないかもしれない。残留自治体・住民としては、健康調査において積極的な主導権を持つことが不可欠である。そして、被災住民としては、残留自治体が、国などに取り込まれないように、注意深く民主的統制を効かせる必要がある。六角形の原子力推進構造に取り込まれうる自治体は、必ずしも被災住民側に立つとは限らない。

　このように考察してくると、健康追跡調査によって被害を認定するのでなく、認定を経ずとも、一定地域に居たという事実のみで、支援や救済を可能とする仕組みが求められよう。過去の公害・被爆でも、認定が救済の壁となって来たのであり、核害でも同様である。被曝者支援法（仮称）あるいは被曝地域支援法（仮称）が求められる。

第2章　問われる立地自治体の役割――核害未災自治体は何をすべきか

1　立地自治体の意味を問い直す

①深刻事故以前の立地自治体とは

これまで、原子力発電所の立地自治体とは、発電所が域内に所在する市町村・道県を指すことが普通であった。いわば、所在自治体＝立地自治体である。また、電源三法交付金（一九七四年に成立した電源開発促進税法、電源開発促進対策特別会計法〔現在は、特別会計に関する法律〕、発電用施設周辺地域整備法の三つの法律に基づく交付金。電力消費量に応じて電源開発促進税を課税し、それを確保すべく特別会計に繰り入れ、原子力発電所の所在・隣接自治体に交付する）が提供される隣接市町村を立地自治体に含むことも、ないとはいえない。いずれにせよ、この比較的狭い範囲が、立地市町村と考えられてきた。それを超える範囲の市町村は、一義的には立地自治体とはされなかった。ただ、その範囲の住民は、所在道県住民として、含まれていたに過ぎない。

国・原子力事業者の地元対策は、基本的にはこの範囲の所在自治体に限定されていた。用地買収・漁業権などの権利関係や、道路・消防などのインフラなどから見ても同様である。また、この地理的範囲にほぼ重なるのが、原子力安全委員会の「原子力施設等の防災対策について〔防災指針〕」に基づく、半径八～一〇キロメートルを基準とする「防災対策を重点的に充実すべき地域の範囲（ＥＰＺ）」である。

近隣の周辺自治体は、関心を持っても原子力事業者との安全協定の締結や協議もできないから、原子力発電所の立地とは関わりなく、それぞれのまちづくりを進めるしかなかった。しばしば、原子力発電所は農山漁村に立地するので、周辺自治体は「豊かな自然環境」に基づく農産物・海産物を特産品にしたり、「田舎暮らし」をアピールしたり、観光を進めたりする。しかし、核害は容赦なく周辺自治体をも襲うのが福島第一原子力発電所の深刻事故で明らかとなった。今回の深刻事故以前の安全神話が保たれているうちは、周辺自治体のこうした営みは可能であった。むしろ、原子力発電所の立地自治体であることを、正面から認めては、農業漁業ブランド特産品や観光に悪影響も出かねないからである。

②立地自治体の範囲の拡大へ

立地自治体＝所在自治体という発想は、施設外への放射能漏れや深刻事故がないなどという安全神話の時代の話である。今日としては、立地自治体＝所在自治体と限定することは困難である。簡単に言えば、長期避難という現実的に核害被災の強い影響を受ける可能性のある周辺自治体は、これまでは安全協定も結べず、事前・予防段階で何の手だても持たない。したがって、今次深刻事故を踏まえて、立地自治体の範囲は、周辺自治体を含めたものへと、地理的に拡大しなければならない。いわば、立地自治体＝所在自治体＋周辺自治体、である。同様に、核害範囲を想定するＥＰＺ（八頁参照）も大幅に拡大すべきである。

国の原子力安全委員会も、二〇一一年一一月になって、ＥＰＺの拡大を遅ればせながら打ち出した。国は「緊急時防護措置準備区域（ＵＰＺ）」を三〇キロメートル圏で設定する意向である。二〇一一年一二月に、島根原子力発電所について、中国電力と鳥取県などが協定を結んだ。また、滋賀県は、ＵＰＺを四二キロメートル圏で設定する判断に至った。

未災段階で、どの範囲を、特別の覚悟と、特別の方策を講ずべき立地自治体とすべきか。この基準は非常に難しいし、単純な立地・非立地と線引き二区分できず、徐々に段階的に遷移する。想定事故の規模によっても範囲は変わる。また、いかなる主体がどのような手続きで決定するかも難しい。

③基準をどうするか

まず、今次深刻事故にのみ拘泥してはならないが、今次深刻事故から、実証的に基準を立てることが基

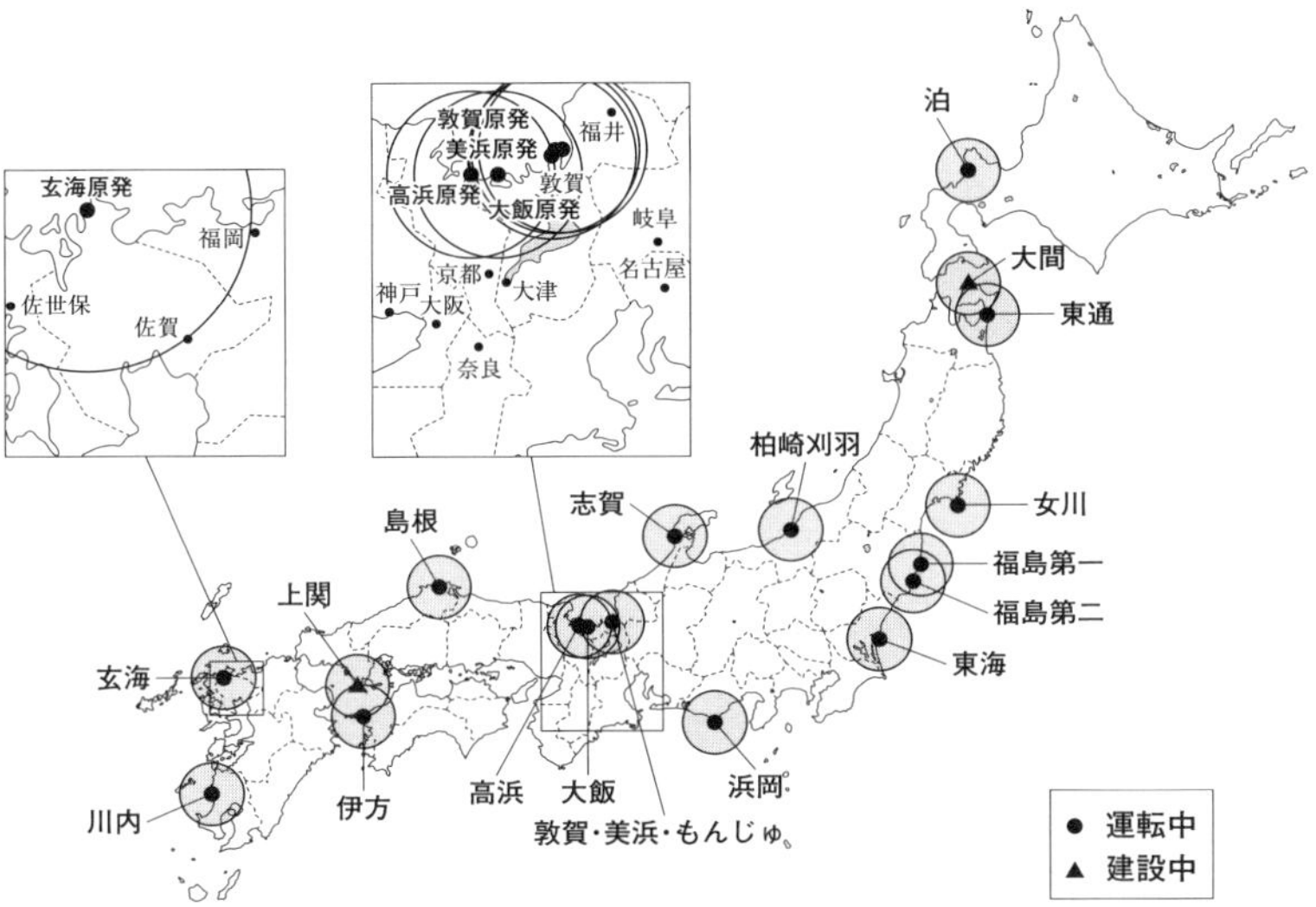

図2　日本の原子力発電所立地点と 50 km 圏

本となる。直感的に、避難自治体となる可能性があるかどうかを基準とするならば、最低でも半径三〇キロメートル内の全自治体が、甚大な核害を受ける可能性のある立地自治体である。詳細には、今後の核害状況の調査・解析にもよるが、半径三〇キロメートル圏を超えたところにもまだら状の強度の核汚染が生じている。そのため、約五〇キロメートル圏でも、地域地区単位あるいは個別住宅単位で、避難が進められている（個別的避難勧奨地点）。その意味では、最低でも半径五〇キロメートル内の全自治体は、立地自治体である（図2）。

しかし、残留自治体となる可能性を基準とするならば、その範囲は格段に広くなる。農林漁業生産関係の核害は一〇〇キロメートル圏を超えて遥かに広範囲である。飲料水・食品の核害の圏域も、相当に広いと見なければならない。アメリカの設定した半径八〇キロメートル圏も、ある一定の想定に基づく核害予想である。またチェルノブイリ事故を想定すれば、二五〇キロメートルも超えうる。東京近辺にもホットスポットが見付かり、さらに、風の動向によって関東地方山岳地帯を中心に高濃度汚染区域が判明している。これらは全て残留自治体である（二一頁・図1も参照）。しかも、晩発性障害は今後数十年にわたる経過追跡調査が必要であるから、圏域の基準は暫定的でしかない。アメリカ・旧ソ連と異なり、狭い国土の日本では、しかも、多数の原子力発電所が全国各地に散在している日本では、相当の範囲の自治体が立地自治体と呼びうる資格を持つ。

ただ、核害の状況は、それぞれの自治体・地域で異なりうるのであり、あまりに広範囲に設定することは、却って非現実的な想定になりうるうえに、立地自治体としての為すべきことを混乱させる可能性がある。したがって、ここは政策判断の問題となる。国・原子力事業者等が一定の基準を示すことは必要であるが、各自治体がそれを鵜呑みにする必要はない。自治体が独自に基準を設定し、国・原子力事業者はそれを受容することが、分権型社会では望ましい。自分の自治体が立地自治体であるかどうかを判断するのは、自己決定の問題でもある。

本ブックレットとしては、今次深刻事故の暫定的な実証結果から、避難自治体となりうる半径五〇キロメートル圏内の周辺自治体は、所在自治体と同様に、立地自治体としての覚悟を持つ必要があると考える。もちろん、さらに大規模の苛酷事故が起きる可能性もあるため、半径五〇キロメートル圏域で充分という保証はない。半径五〇キロメートル圏域は最低《ナショナル・ミニマム》のラインである。

周辺自治体が、どんなに、地産地消や地域活性化や農業ブランド生産や観光などに努力をしても、一回の深刻事故によって、それらの努力は長期的に深刻な打撃を受けることを直視しなければならない。「放射能は目に見えない」が、核害は周辺自治体を襲う。そして、そのような核害の可能性に、安全神話を流布させた国・原子力事業者・専門家・報道機関は必ずしも配慮するとは限らない。したがって、自治体自らが、自分は立地自治体であるか否かを、決める責任を持たねばならない。

④自治体当事者の意向を尊重する手続き

未災段階で核害を想定するには、科学的知見を必要とする。したがって、当然ながら専門家の助言を受ける必要がある。専門知識の動員を効果的かつ効率的に行えるのは国である。そのため、国が③で検討したような、何らかの基準に基づいて、範囲を確定するだろう。EPZ・UPZの範囲も同様である。しかしながら、国と自治体の意向が合致すれば問題はないが、両者の意向が乖離する場合がある。

一方では、国がある自治体の意に反して、立地自治体の範囲を狭く画定しようとすることが想定される。ある自治体は、未災段階から核害の可能性を踏まえて、積極的に安全対策や防災対策に乗り出そうとするが、国や原子力事業者が、それを認めようとしないことも考えられる。もちろん自治体は、国がどのように範囲を画定しようと、自らの政策判断によって、原子力発電所問題に関与しようとする行動をとることは可能である。しかし、それが実効性を持つには、原子力事業者や国に立地自治体であることを、政治的に認めさせる必要がある。

立地自治体の範囲が狭い方が、国・原子力事業者・所在自治体にとって都合がいいことが多い。国も原子力事業者も、交渉当事者が少ない方が合意形成はしやすい。また、所在自治体は、基本的には、原子力発電所の建設に賛成したので、原子力事業者と所在自治体の交渉では、原子力発電所の維持・推進で関係者の全員が一致しうるという基盤がある。さらに、立地自治体には、国からの交付金や原子力事業者の地元振興費などの資金が投入されるが、その範囲は狭い方が費用対効果は高い。

必ずしも、原子力発電所に賛成とは限らない周辺自治体が加わることは、合意形成を難しくし、利益享受を拡散させるから、推進構造のメンバーである国・原子力事業者・専門家・所在自治体は範囲の拡大に抵抗を示すことも想定される。立地自治体の範囲に入ろうとする自治体は、こうした抵抗を乗り越えなければならない。

他方では、国が定めた立地自治体の範囲に入れられたくないという自治体もあろう。核害の可能性を認めることは、地域ブランドにマイナスに作用しうるからである。これも、無力な自治体の一つの防衛本能である。

いずれにせよ、手続き的には各自治体の意向と発意を最大限に尊重する仕組みが望ましい。これは前述の基準の不確実性・変動性にも関わる。確実に核害が及ぶ範囲と及ばない範囲を専門的に画定できない以上、実際に核害を受けうる当事者である自治体の意向を最大限に尊重すべきである。なぜならば、国・原子力事業者・専門家は、立地自治体の範囲の画定に、終局的な責任を持ちえないからである。

2 立地自治体と安全性

①形骸化している安全確保への申し入れ

所在自治体は、安全神話を前提に原子力発電所と共存を図ってきた。非所在の周辺自治体は、そもそも蚊帳《かや》の外であった。しかし、今回の事故によって、安全神話を前提にした立地自治体の受け入れへの自己弁明や批判の無視は困難になった。したがって、既存原子力発電所などに関しても、安全性に関する全面的な再検証と再構築が不可欠である。

政権は、地震の発生確率が著しく高いとして浜岡原子力発電所の稼働停止を行政指導し、全国の原子力発電所の安全対策が一応は整ったとしながらも、その後、二段階のストレステストを新たに導入することを打ち出した。他方で、調整運転をしていた泊原子力発電所の正式運転は認めた。少なくとも、深刻事故を引き起こした以上、これまでの安全対策では安全ではないというのが、実証的帰結である。もっとも、いかなる新しい安全対策をしたら、安全が確保されるといえるのかは未知数である。

今次深刻事故以後も、立地自治体は極めて微力である。例えば、全国原子力発電所所在市町村協議会の申し入れは、深刻事故後であるにもかかわらず、単に安全確保を陳情したに過ぎない。この程度の申し入れならば、深刻事故以前からたびたび行っている。非所在の周辺自治体はそもそも何もしていないところも多い。もちろん、原子力発電所が所在し、稼働し、核燃料を現に貯蔵している以上、安全確保を原子力事業者や国に迫ることは重要である。とはいえ、立地自治体がいくら要望・陳情活動をしても、原子力事業者や国からは、「一生懸命やる」「基準を見直して強化した」「そのようなことが起きないように万全の対策をとった」「改めて訓練をした」「事故が起きた原子炉とタイプが違うから大丈夫」などと、形式的な対応がなされることもある。

立地自治体では、それ以上の実効的な安全確保の手段を行使できてはいない。安全確保は国の責任であると判断している場合もある。国の大臣・政治家あるいは行政職員が、所在自治体に政治決断として直接の説明に来るということを待っている場合もある。あるいは、国の行政機関あるいは原子力事業者が、住民に対して安全性を説明するという説明会の開催を求めているという場合もある。しかも、その説明会は、賛成派の発言がある程度は提起されるように、サクラが埋め込まれ、発言シナリオが整備されるなど、「やらせ説明会」になっていると疑念が呈されることもある。

意地悪く見れば、立地自治体の為政者も、ほとぼりが冷めたら再稼働という「結論先にありき」で、住民に対して安全確保のために一生懸命行動したという演出をしているだけという見方もできる。こうした形骸化した方法では、不安解消を求める住民ニーズに対して、責任を果たせない。外形的な段取りや、主観的な安心感の構築だけではなく、安全性を実質的に高めるために、立地自治体の為政者は尽力すべきである。不安解消とは、不安心解消だけでなく、不安全解消も含むものであり、不安全解消なしに不安心解消をする演出をしても、綻びが生じる。

②「安全」な原子力発電所との共存という神話

立地自治体が、安全性の向上に対して実効的な影響力を持っていない理由は単純である。既成事実として原子力発電所が所在している以上、物理的に言って、立地自治体は原子力発電所と共存せざるを得ないからである。日本政治の宿痾《しゅくあ》である「既成事実の追認」(丸山眞男)という現象である。

立地前の段階であれば、候補地自治体は死力を尽くして原子力発電所の立地に抵抗する余地はある。この場合には、原子力発電所との共存は考えなくてよい。しかし、ひとたび立地してしまえば、共存を受け容れざるを得ない。共存を受け容れないときには、反対・廃炉運動を続けるしかないが、それが成就しなければ、事実として原子力発電所が存在し続けるからである。ならば、原子力発電所の存在を是認したうえで、安全神話にすがるしか方法がない。一般に、所在自治体では、原子力発電所の立地前には賛成派・反対派の活発な対峙が見られるが、ひとたび立地がなされ、時間が継続すると、反対派が減衰していく傾向が見られる。

安全でない原子力発電所と共存はできない。しかし、原子力発電所は現に存在し、かつ、なくならない。したがって、「安全ではない」と認定できなくなってしまう。いうなれば、原子力発電所は存在するというただそれだけの理由によって、立地自治体からは〈安全でなければならない→安全であってほしい→「安全」のはずである〉ということになる。安全だから存在が認められるのではなく、存在しているから「安全」と認めざるを得ないのである。これが、安全神話なのである。

このような立地自治体からの安全確保に関する陳情は、国・原子力事業者に対して効果を充分には発揮できない。事実、これまでも、再三再四、安全確保に関して申し入れをしてきたが、今次の深刻事故を防ぐことはできなかったように、安全確保をもたらさなかった。なぜならば、そのような申し入れに真面目に対応しようとしまいと、原子力発電所は存続し続けるからである。

このような安全神話への希望的信仰は、今次の深刻事故が起きるまでは、ある程度、維持できた。深刻事故が起きることが実証されていなかったからである。しかし、事故後の段階で、なお、こうした形骸化した安全への申し入れというスタイルを変更しないならば、立地自治体の為政者は住民生活に対して無責任である。立地自治体には、根本的な意識改革が求められている。核害被災自治体の経験から、未災立地自治体は再検討する責務がある。

3　既存原子力発電所と安全性の向上

①安全性の向上のための推進と規制の分離

実効的な安全性の向上のためには、推進組織とは切り離された安全規制組織の存在が必要条件である。推進と安全規制が同一組織内にあれば、推進に引きずられた安全規制になり、あるいは推進と調和する限りでの安全規制に留まり、ひいては安全性を犠牲にした推進となりうると想定されるからである。そのための対策が組織的分離である。もちろん、これで絶対安全が確保されるなどと言うことはありえない。しかし、安全神話を否定したうえで安全性の向上を目指すには、原子力発電の推進を目指さない組織・勢力による規制が必要条件なのである。

原子力事業者内部や原子力発電所ごとに安全部門を分離することは必要であるが、事業者全体として推進という経営判断をすれば、限界がある。

原子力安全規制を国が担当するとしても、推進組織と安全規制組織が一体であれば無理である。原子力推進の経済産業省に原子力安全・保安院が置かれても機能しない。経済産業省・資源エネルギー庁から独立した特別の機関という演出をしただけである。むしろ、二〇〇一年以前には、総理府原子力安全委員会にあった安全規制権限を、推進組織である経済産業省の傘下におさめただけ、事態の悪化をもたらした。少なくとも、歴史的事実の問題として、原子力安全・保安院が設置される以前には、レベル７のような深刻事故はなかったのである。

推進組織の経済産業省から安全規制行政組織を分離して、例えば、経済産業省とは別個に内閣府や環境省のもとに置いても、解決しない。現に原子力安全委員会は経済産業省(資源エネルギー庁および原子力安全・保安院)とは別個に存在したが、今次の深刻事故をもたらした。また、原子力船むつの事故を受けて、原子力委員会と原子力安全委員会が分離されたが、今次の深刻事故を回避したわけではないし、ＪＣＯの臨界事故を引き起こした。

そもそも、推進組織と規制組織は、同一の内閣のもとに置かれている以上、厳格な組織分離にはならない。環境省が地球温暖化対策＝温室効果ガス排出削減という上位目標を持つ場合、発電時に二酸化炭素を排出しないという触れ込みの原子力発電を推進する可能性もある。ならば、環境省に置かれることとなった安全規制組織(原子力規制庁)は機能しない。同様の問題が、科学技術庁を吸収した文部科学省にもみられる。内閣全体や旧科学技術庁が原子力推進である以上、学校教育や教科書の内容も、学校・校庭安全規制も、安全確保よりは推進に引きずられる。

原子力安全・保安院と原子力安全委員会の二重チェックという触れ込みもあったが、現実には、原子力安全委員会は今次の深刻事故を処理する意欲も能力もなく、二重チェックは効果の乏しいことが明らかになった。むしろ、原子力安全委員会、原子力安全・保安院など、現状の原子力安全規制組織の分散が、安全規制の実効性を下げているという見解もある。その場合には、安全規制組織を統合して組織力を強化するという処方箋が描かれよう。しかし、それも効果は乏しい。統合された安全規制組織が、推進組織や原子力事業者と緊張関係を欠けば、チェックできない。二重チェックが効果的でないとしても、一重チェックにしたら効果的になるという推論は、論理的ではない。

結局のところ、政府・内閣全体として原子力推進を掲げる限り、国による安全規制は、根本的な限界がある。つまり、上位目的として原子力推進という国策がある限り、規制と推進は対等なレベルではありえない。安全規制と推進は、仮に国のなかで組織的に分離されたとしても、推進が上位で、安全規制が下位である。もちろん、安全性を上位目的に据えれば、安全規制と推進を組織分離した場合には、安全規制が優先する。つまり、安全のためには原子力発電の推進を減速・停止させることは可能である。しかし、それでは、原子力推進の国策と両立しない。

原子力推進の国策を維持したまま、安全規制と組織的分離という処方を行うことは、安全性の向上を表面的・外観的に演出することに陥りかねない。それは、実効的・技術的な安全性を高めず、安全性の向上に向けた努力をしていることで、国民・住民の不安心を解消することを目的とするパフォーマンスにしかなりえない。実際、原子力船むつやＪＣＯ臨界事故など、重大事故が起きたときに、不安心解消のための政治・行政的演出として組織改革は行われてきた。しかし、それは不安全解消にはならなかった。今次深刻事故においても、同様の演出が繰り返されることは、立地自治体としては充分に想定しておくべきである。

②国による安全性の向上の可能性と立地自治体

(ア)脱原発勢力と脱原発派自治体

原子力推進の国策を維持したままで、安全性の向上を推進勢力である国・原子力事業者・推進派専門家に真摯に実行させるのは、推進の意向のない組織・勢力による厳しい追及があるときのみである。その典型は、社会運動としては脱原発勢力である。非主流的な一部の専門家がそれを補足してきた。

脱原発派は、原子力発電所がいかに危険であるかを明白にすべく、様々な想定を指摘する。原子力発電所全廃を含む安全性の向上それ自体が、脱原発派のミッションである。ありうる全想定に対して安全対策をしたときに、想定外は極小化される。危険の想定なくして、安全対策の構築はできない。しかし、脱原発派の想定(例えば、全交流電源喪失)は「ほとんどありえない」として推進派が工学的に割り切って設計したことが、重大核害事態を招いた。

原発推進派と脱原発派の勢力分布は、直接的には立地自治体としては左右することはできない。しかし、立地自治体としては両勢力の配置状況に応じて、勢力均衡のためのバランサーとして行動することは考えられる。国が直截《ちょくせつ》に推進派であるならば、立地自治体が、自ら脱原発派として参入することで、勢力均衡の回復を図るわけである。

もちろん、そのような立場を採ることは、極めて困難である。第一に、脱原発のスタンスを採ることは、通常は、危険の認定を前提とする。しかし、危険の認定をしても、原子力発電所が早期に停止・廃炉される見込みはない。ならば、存在する以上、「安全」と認定せざるを得ない。「安全」と認定するのであれば、脱原発のスタンスを採る必要はないからである。ただし、この点は、立地自治体が脱原発のスタンスをとって厳しく危険性を想定をすることで、結果的には安全性の向上が見込まれるというメカニズムを想定するならば、むしろ脱原発のスタンスと安全性は両立する。また、早期の廃炉・撤収はなくとも、再稼働停止によって、使用済み燃料の問題はあるにせよ、安全性を増すこともありうる。

第二に、より深刻な問題は、経済・財政的な依存問題である。立地自治体、特に、所在自治体は、原子力発電所の存在による地方税・交付金などの財政収入や、原子力発電所関係の雇用・購買などに依拠している、と考える人も多い。したがって、脱原発のスタンスを採るということは、成功の暁には、経済・財政的なメリットを喪失することをも意味する。もちろん、立地自治体が脱原発派になったからといって、直ちには原子力発電所はなくならないので、経済・財政面で現実的な問題はまったく起きない。しかし、脱原発を唱えながら、経済・財政が原子力発電所依存であるならば、中長期的な自治体の構想としての整合性は取りにくい。この場合には、経済・財政面でも脱原発のビジョンを同時に示す必要がある。それは、困難であることも確かである。

逆に言えば、多くの周辺立地自治体は、経済・財政的な受益をほとんど享受せず、核害被災の可能性だけが生じているので、脱原発のスタンスに立つことは、経済・財政的構想からも容易であるし、安全性の向上の見地からも合理的である。そもそも、中長期的な経済・財政面では、原子力発電所の存在が大きな構成要素となっていないからである。非所在の周辺立地自治体は、脱原発スタンスに転換することは、選択肢としては容易かもしれない。

当然ながら、立地自治体の範囲の認定問題とも絡むが、周辺立地自治体の扱いは、国・原子力事業者・専門家にとっても重要である。周辺立地自治体を無視し続けるのが、一つの対策である。周辺自治体が何を言おうと、所詮は地元の意見ではないとして、黙殺するのである。いまひとつは、周辺立地自治体を、所在自治体と同様の経済・財政構造に組み込む対策もある。こうなれば、周辺立地自治体も、簡単には脱原発スタンスは採れない。あるいは、経済・財政的支援を取引材料にして、脱原発派になることを牽制する。また、周辺立地自治体としても、脱原発派に転じうることをちらつかせつつ、国・原子力事業者に立地自治体として認定させ、国・原子力事業者による経済・財政的支援を引き出す条件闘争もあろう。阿吽《あうん》の呼吸である。

(イ)国策の転換

国自体が、原子力発電推進ありきの国策を転換できれば、原子力事業者に対して安全性の向上を厳しく迫ることは可能である。このときには、原子力安全が上位目的になり、その下に、推進と安全規制という行政組織が置かれる。安全確保が検証されれば結果として原子力発電は推進され、安全確保が検証されなければ結果として原子力発電は抑制される。あくまでも、発電構成比率は結果として決まる。事前にベストミックスを計画することはできない。

このためには、エネルギー政策基本法などの国策を大転換しなければならないかもしれない。原子力基本法の三原則は、原子力平和利用を前提とした民主・自主・公開と言われて来た。しかし、実は安全の確保を旨とすることも謳われているのである。原子力基本法を転換しなくとも、原子力発電推進ありきという国策の転換は可能である。むしろ、エネルギー政策や、その下位政策としての電力政策で、原子力発電推進を止めてしまえば、安全性の向上のために、国が積極的・実効的に行動することは可能である。

国策が転換するかどうかについて、一義的には自治体は左右できない。周辺非所在の立地自治体としては、安全性向上の観点からは、国策転換は歓迎すべきことである。所在自治体は、原子力事業者と同様に、原発推進の立場に立ち続けることも可能である。原子炉規制システムは、原子力事業者が進めたい申請に対して、国が安全面で審査・許可するものであるから、元来、国は推進組織ではないのである。国の安全規制組織が厳しくチェックをすれば、立地自治体としても安全性の向上が期待される。

しかし、未災立地自治体や全国の多数の自治体がどのようなスタンスをとるかで、国策への影響を与えることは不可能ではない。国策は、国政選挙で示される民意を背景に、原子力推進構造と同様に、政治家・官僚・利益集団・専門家・報道言論界・自治体の六角形で形成される。このうち、自治体は地方選挙で示される民意による正統性を有している。各自治体の意向の総和として、自治体がどのような方向性を示すかは、国策への影響を持っている。

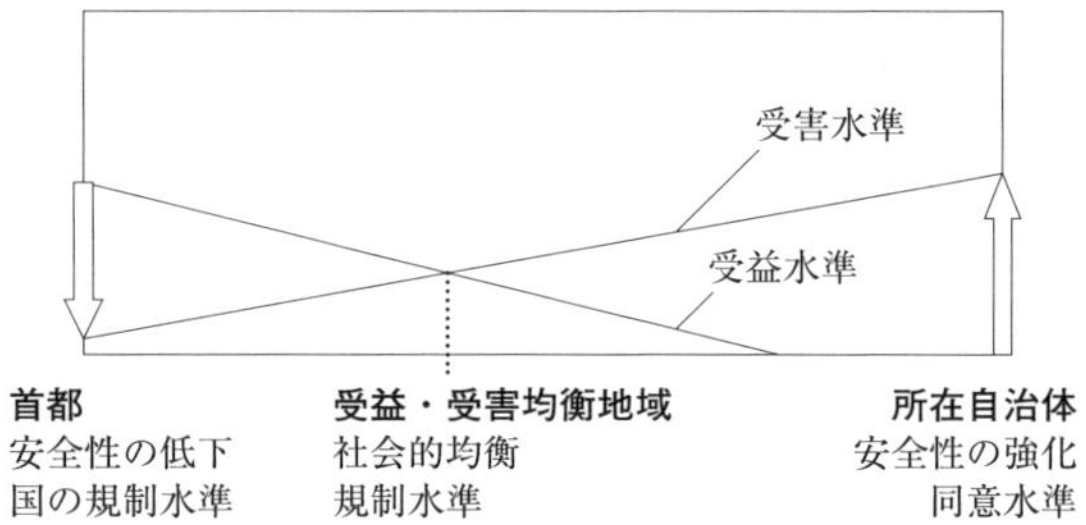

交付金システムなどによる所在自治体への受益のかさ上げがない場合．首都は受益が受害を大きく上回るために安全規制は緩和される．それが，国の法制上の安全規制の基準となる．所在自治体は受害が受益を大きく上回るため，安全強化を求めることになる．それゆえ現実には立地も困難である．社会的には均衡地域水準での安全規制が期待される．

図 3　原発立地の受益と受害の関係 1
(受益のかさ上げがない場合)

③安全性の向上のための受益と受害の一致

(ア)安全性の低下につながる受益のかさ上げ

　原子力推進ありきという国策から転換したとしても、国による安全規制には限界がある。国の意思決定は、基本的には受益地である首都(永田町・霞が関)でなされるからである。全ての意思決定は、受益と負担が一致していなければ、野放図になる。ましてや、受益が受害を大きく上回っていれば、比較衡量は歪んでくる。つまり、首都での意思決定は、国会・中央府省・最高裁判所のいずれにおいても、安全規制を緩める傾向を持つと推論できる。なお、所在自治体では受害が受益を大きく上回るので、所在自治体が安全規制の意思決定をするならば、非常に厳しい安全規制でなければ同意しないから、立地も困難となることが推論できる(図3)。

　現実の推進構造は、こうした受益と受害の乖離を反転すべく、所在自治体に大量の利益供与をする。つまり、所在自治体に受益をかさ上げすることで、首都と同程度にまで安全規制への指向を緩める。このようにすれば、首都における安全規制の意思決定と、立地自治体の安全規制への要望が、大きな乖離を見せなくなるのである。税制を含む電源三法交付金システムは、安全規制水準を緩和しても、所在自治体が満足できるようにしている(図4)。

(イ)安全性の向上のための受益と受害の一致へ向けて

　こうした所在自治体での受益のかさ上げは、安全性の向上ではなく安全性の切り下げになる。受害より受益が大きいという首都と同じ想定での安全基準で、満足してしまう構造だからである。安全性の向上のためには、直裁に受益地と受害地を一致させるべきである。このためには、分散型電源によるエネルギーの地産地消と立地＝消費自治体による安全規制を必要とする。簡単に言えば、消費地に消費するだけの発電施設を設置し、受益と受害を一致させ、その観点から立地自治体が安全規制をするのが、もっとも合理的である。そして、首都に発電所が立地するようになれば、仮に国が安全規制を担当し続けたとしても、現在よりは厳格に行うことが期待される(現在でも、火力発電所は東京湾岸に存在している)。もっとも、現在での原子炉立地審査指針によれば、国・原子力事業者は、人口密集地域である東京圏には、現状の安全水準では原子力発電所を立地させることができないのであるが。

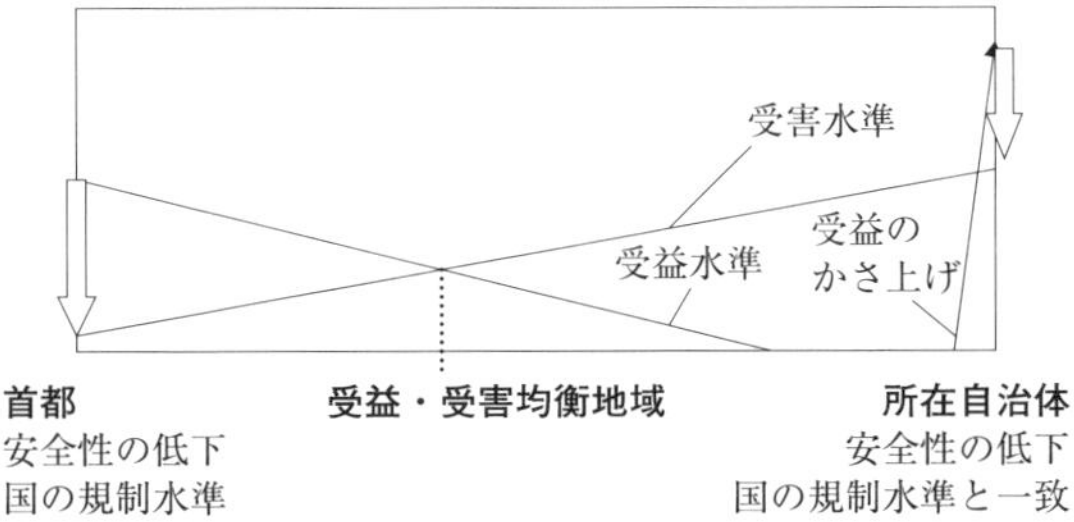

交付金システムなどによる所在自治体への受益のかさ上げがある場合．図３の場合と同様に，首都は受益が受害を大きく上回るために安全規制は緩和される．それが，国の法制上の安全規制の基準となる．ただし，交付金の原資の負担は首都などにも負わされるので，若干は受益・受害の乖離は減少している．しかし，広く薄い負担なので大勢に影響はない．所在自治体は受害を受益が大きく上回るまで経済・財政的メリットがあるため，首都と同水準にまで安全規制の緩和を許容できるようになる．正確に言えば，所在自治体でも国と同水準まで安全緩和ができるように，経済・財政的メリットのかさ上げを行い，そこで政策的均衡が成立する．

図４　原発の受益と受害の関係 2
(受益のかさ上げがある場合)

しかし、分散型電源あるいは首都発電所立地は、既存原子力発電の立地転換を図るものであり、可能であったとしても、中長期的な可能性に留まる。既存原子力発電所の安全性の向上には、直ちに寄与するものではない。現状での立地と受益・受害の分布から、受益・受害の均衡水準による安全規制を図るのであれば、現状で受益・受害が均衡している中間地域の自治体に、事実上の同意を求めることが肝要である。受益・受害の均衡とは観念的なものであり、具体的な距離圏域をどのように設定するかは難しい。

例えば、立地自治体の範囲を、半径五〇キロメートルや八〇キロメートル圏域に拡大し、これらの立地自治体にも安全協定その他で事実上の同意などの関与を可能にすれば、周辺立地地域水準での安全規制に強化できる。もちろん、周辺立地自治体に受益のかさ上げがなされてしまえば、効果は減殺される。

(ウ)電源三法交付金システムの運用転換

遠隔地集中型電源による受益と受害の本質的乖離を残したまま、税制を含む電源三法交付金システムで受害地の受益(財政的メリット)のかさ上げは維持しつつ、安全性の向上を図ることが、実は、一面では構想されていた。簡単に言えば、原子力発電所の総設備容量を維持・拡充しつつ、より安全性の高い施設に更新する。つまり、旧式・高経年炉を廃炉にし、同じ所在自治体に最新鋭の設備を新設する。浜岡原子力発電所では、こうした置き換えが考えられていた。

しかし、現実には、同じ所在自治体に新たな号機を増設する余地がない場合も多い。また、廃炉には極めて膨大な費用と手間暇がかかり、大量の核廃棄物を生み出すなど、必ずしも技術的に確立しているわけではない。長期運転をすると、むしろ増額される電源三法交付金もある(原子力発電施設等立地地域長期発展対策交付金、原子力発電施設立地地域共生交付金)。さらに、新規立地や廃炉の費用の観点から、設計時の想定を超えて高経年で運転する事態や、設計時には想定しなかったプルサーマル運転が、むしろ進められてきた。したがって、当初に想定されていた交付金システムより、安全性の低下をもたらす方向で運用されているのである。

電源三法交付金システムを残しつつ、安全性の向上に寄与するためには、安全性の高い原子力発電所・号機に配分をかさ上げすることが必要であろう。感覚的に言えば、新しいほど、改良された型式ほど、プルサーマルをしないほど、連続運転期間が短いほど、様々な多重防護策(電源車、非常用電源、緊急冷却装置の多元化、防波堤、耐震補強など)が採られるほど、所内自衛消防組織が充実するほど、避難計画が充実するほど、使用済み燃料が少ないほど、原子炉鋼鉄の脆性遷移温度がある一定温度内にあること、などに着目して、交付金がかさ上げされればよいのである。あるいは、旧式・高経年炉を廃炉にした場合、廃炉後数十年の交付金支給をするという「廃炉交付金」構想もある。旧産炭地域の廃坑後の旧産炭地域振興交付金をイメージすればよい。

もちろん、これが推進国策と相容れないときには、安全性の向上のために、税制・交付金を国は改めないかもしれない。しかし、電源三法交付金システムは、国策の道具ではあるが、同時に、六角形の推進構造のなかで所在自治体の要望を受けて変化もしてきた。であるならば、所在・隣接自治体は、安全性の向上の方向に交付金システムを転換させるべく、提案・要求活動をすることは可能である。

④安全性の向上と立地自治体の役割（1）
――中立方策への転換

立地自治体が、安全性の向上を目指すために、第一に、自らが原子力推進という方針を放棄する方策がある。推進組織がいかに安全性の向上を表明したとしても、「推進ありき」と結論が既定である以上、安全対策は形式的になりやすい。安全確保の状況によって、立地自治体が推進方向にも反対方向にも変わりうる中立的なときにのみ、国・原子力事業者・専門家は最大限の安全性の向上への努力をする。立地自治体が原子力推進を掲げることは、安全性の向上を放棄したことと同義となりうる。

本来ならば、中立的組織が、原子力発電所の許可権限を持つべきである。現状の国は推進派なのであって、既に述べたように、許可権限を適正には行使しえない。立地自治体が中立方策に立てるのであれば、立地自治体が許可権限を持つことは、安全性の向上に寄与しうる。もちろん、許可権を行使するには、有能かつ公正な専門家の支援は必要である。しかし、それだけではなく、推進派・慎重派の両派の専門家の意見を聞いて、立地自治体が政策判断することが法制的にも認められなければならない。

推進派の国が、立法によって立地自治体に許可権限を付与することは、素直には考えにくい。中立方策の立地自治体は、必ずしも推進という結論に至るとは限らず、国策推進には支障になりうるからである。しかし、これまでの現実的運用の慣行では、所在自治体に設置・稼働同意の事実上の権限が与えられてきた。設置段階では、所在自治体の誘致・受け入れ同意が政治的に必要とされてきた。また、設置後も、原子力安全協定によって、稼働再開や新たな事態への変更には、所在自治体の同意が政治的に必要とされてきた。地元同意の一種である。

立地自治体が拒否権を行使しないように、税制・電源三法交付金その他経済・財政的手段で誘導したので、白紙で立地自治体に同意権力を付与したわけではないし、所在自治体同意慣行によって、稼働中の原子力発電所が全面的に閉鎖に追い込まれたこともない。その意味では、国が推進国策を有し続けたとしても、地域自主権あるいは地方分権の観点から、立地自治体に許可権限を法制的に付与することは、必ずしも不可能ではない。したがって、本来的には、立地自治体は、自身が中立方策に転換するか否かを問わず、法制的な許可権限を要求すべきであろう。

なお、法制的権限とは別個に、自主条例で原子力安全規制のための許可などを課せるかどうかは、政策法務的に検討されるべき事項である。これは、環境規制のための自治手段の選択の系譜の応用である。かつて、一九六〇年代以降の公害問題が激しかったときに、自治体は、一方では事業者等との公害防止協定により、他方では公害防止条例で、対策を行ってきた。原子力発電所に関しては、これまでは安全協定という前者の手段が使われてきた。しかし、後者の手段に関しても、もっと可能性を追求すべき余地があろう。また、「防火」の観点であれば、消防法制に基づく権限の行使は可能である。実際、消防法に基づく緊急使用停止命令が出されたこともある。「火災」の概念を政策法務的に解釈することなどで、自治体の権限を政策法務的に行使する余地もあろう。

ただし、これまでの所在自治体の事実上の許可権限が、今次の深刻事故の防止に寄与しなかった。これは、所在自治体が原子力発電推進を採用していたため、安全規制の自治力を正当に行使できなかったからであり、法制的権限がなかったからではない。逆にいえば、立地自治体が法制的権限を得たとしても、当該自治体がいかなる上位目的を採用するかで、安全性の向上に発揮される効果は変わってくる。

原子力発電所の稼働が、立地自治体に経済・財政的メリットを多くもたらす場合、立地自治体が中立方策に転換するのは、相当の困難がある。安全確保の観点から純粋に意思決定できる余地は乏しく、基本的には稼働・再開を容認する推進方策に傾きがちである。それでも立地自治体は、安全確保は希求して、不安な原子力発電所の稼働・再開には抵抗を示してきた。今までの立地自治体も、頑迷固陋《がんめいころう》な推進派ではなく、多少は中立的立場でもあった。しかし、既存の推進構造のもとでは、中立方策を採ろうとしても、推進側に引き寄せられるのである。

立地自治体が、真の地域自主権を回復するには、中立方策に立とうとも、あるいは、稼働・再開に同意・不同意にかかわらず、経済・財政的メリットが一定であることが必要である。つまり、稼働の有無に関わりなく、停止中・点検中を含めた立地の事実のみに基づいて運用される交付金・税制でなければならない。もちろん、推進を国策とする国は、そのような寛容な法制・政策・財政措置を行いたくはないだろう。しかし、地域自主権とは、自治体の政策判断によって、国が差別的取り扱いをしないことであり、そのように国を正していくことが、分権改革である。であるならば、立地自治体はこの件に限らず、自治体の政策判断の自由と中立性を回復できるための分権改革を求めなければならない。

⑤安全性の向上と立地自治体の役割（2）
——脱原発派への組織的支援

第二に、立地自治体ができることは、脱原発派への組織的支援である。国・原子力事業者が真摯に対応するのは、脱原発派の厳しい追及にあったときである。したがって、立地自治体は、安全性の向上を考えるのであれば、脱原発勢力や脱原発派の専門家や言論人にも、組織的支援を行うことが合理的である。立地自治体は、共同して脱原発の研究者を抱え込める原子力研究機関や大学を設置し、研究に資金提供する方法がある。また、脱原発の市民活動に対して、様々な支援を行う手がある。広く報道機関や言論人にも働きかけることもできる。こうして初めて、原発推進派と脱原発派の専門的論争や市民間の討議がバランスよく展開され、それが公平に報道・評論され、結果として安全性の向上につながることが期待されるのである。

中立方策に立つ立地自治体が、このような「偏向」的態度を採ることは、本来は適切ではないかもしれない。そもそも、どのような方策に立とうと、特定の政策的指向性を有する研究者・市民活動などを選別して、支援を与えるのも、自治体という政府権力を担うものとして、不適切かもしれない。しかし、現実には、推進という国策を有する国や原子力事業者が、「札束で頬を叩く」(中曽根康弘元首相)選別的構造を形成してしまった以上、それを中和する限りにおいては、このようなアファーマティブ・アクション(積極的差別是正策)は許容されるだろう。

いうまでもなく、原子力発電推進の国策が存在してきた以上、推進派は、国・原子力事業者・専門研究機関など、膨大な資源を有している。国は、原子力事業者の地域独占と保護のための規制を行い、税制・電源三法交付金などで原子力事業者による地元対策への財政的な支援を行い、研究機関を設置して、学校での原子力エネルギー教育を行い、官僚の原子力事業者への天下りを許容している。

こうした堅牢で巨大な推進構造のなかで、安全性の向上のために、様々な想定を指摘する脱原発派の専門家・市民活動を支援することは、中立方策に立つ立地自治体であろうとも、決して容易ではない。そもそも、立地自治体それ自体が、《政官業学報地の六角形》の推進構造に組み込まれてきたのが実情である。中立方策に立つことは、この推進構造から少なくとも半歩は踏み出すことである。

この推進構造から立地自治体が抜け出すのは至難の業である。しかし、前記の推進構造に取り込まれた他の五つの種類のステークホールダー(利害関係者)と、立地自治体には大きな違いがある。それは、深刻事故が起きたときに想定される核害被災の程度の差異である。政治家も報道機関・言論人も官僚も原子力事業者幹部も一般消費者も専門家も、多くは東京圏を始めとする遠方にいる。しかし、立地自治体・住民は、遥かに近傍におり、撤退はできず、残留して被災するか避難・移転を余儀なくされる。この利害状況の違いを無視して、立地自治体が同じ推進構造に入るのは合理的ではない。したがって、立地自治体は、政治家・官僚・事業者・報道言論人・専門家研究者の五者と同様には、簡単に推進構造に取り込まれてはいけないのである。

しかし、逆に言えば、中立方策に立つ立地自治体が、脱原発派の専門家や市民活動や言論人に支援をしようとしても、推進構造全体の引力には敵《かな》わない。例えば、立地自治体が脱原発的な研究を許容する原子力研究機関を設置して、研究者を招聘《しょうへい》しようとも、研究者は専門家共同体で活動をしており、専門家共同体の全体が、前記の推進構造に組み込まれているのであれば、結果的には、当該研究機関の研究者といえども、脱原発のスタンスは採りにくい。

そもそも、学問研究も市民活動も自称「中立」を標榜している。したがって、立地自治体による脱原発派への支援は、実質的な選別を貫徹することは難しい。とはいえ、せめて中立的な支援を行うことだけでも、既存の推進構造の歪曲を是正することには多少は貢献をする。多少の是正でも、多少の安全性の向上には寄与する。

⑥安全性の向上と立地自治体の役割（3）
――健全な論争空間の形成

中立方策に立つ立地自治体が、原発推進派と脱原発派の両者のバランスの取れた論争空間を形成し、その論争のなかで、立地自治体に与えられた正式の許可権限を行使し、柔軟かつ適切に政策判断をすることで、安全性の向上を図るというのが、本ブックレットの処方箋である。端的に言えば、脱原発派の様々な想定に対して、行司役である立地自治体は、合理的な想定であるならば推進派に対策の立案・実施を求め、それがなされる限りにおいて、立地・稼働・再開などの許可を与え、あるいは、なされないときには必要な休停止・点検・対処・廃炉などを指示する、というものである。

もっとも、これまでも両派の論争は長く存在してきた。にもかかわらず、その論争は、福島第一原子力発電所の深刻事故を防ぎえなかった。論争自体が、牢固な六角形の推進構造によって歪められた空間のなかで行われてきたからである。「推進ありき」のバランスを欠いた論争では、効果が乏しいのは当然である。それでも、長らく深刻事故がなかったのは、市民科学者・高木仁三郎などが健在だったころには、両派の論争が牽制作用を果たしていたからである。一九九〇年代以降、推進構造が強化されるにつれて、論争が機能しなくなった。

さらに、武田徹によれば、「不毛な論争」になるメカニズムも存在してきた（『原発報道とメディア』講談社現代新書、二〇一一年、二六―三四頁）。推進派は安全性を主張し、原子力発電所の建設を続ける。反対派は危険性を主張し、反対運動を続ける。反対派による危険性の主張は、未立地自治体・住民にはある程度受け容れられ、そこでは建設はできなくなる。しかし、推進派は国策を止めず、用地取得との地元自治体同意の観点から、既存の所在自治体に原子力発電所を集積させ、老朽化炉の高経年運転を続け、さらに安全性を累卵化させる。しかも、推進派は「すでに絶対安全」と安全神話を主張する以上、「より安全」な技術が開発されても導入できない自縄自縛に陥る。そのため、多重防護の増設や、原子力防災避難計画・訓練の実効化もできない。

さらに、立地自治体の対応方策は、推進派の力を安全性の向上の方向に誘導するどころか、逆方向に誘導してきた。前記のような「不毛の論争」を懸念し、立地自治体は推進派・反対派の論争のフォーラムを作り、その行司役となることを避けてきた。そこで、立地自治体は、以下のような説明質疑の場を形成してきた。

すなわち、立地自治体は、原子力事業者からの申し出があったときに、国に対して、国の責任で安全性を確保したことの確約を求める。国は、推進派の専門家・原子力事業者を動員しながら、安全性を説明する。立地自治体は、反対派の専門家・市民活動団体の助勢を援用しない。なぜなら、自治体住民内に推進派と反対派の亀裂としこりを生むことを、嫌がるからである。そこで、立地自治体・住民は一丸となって、推進派の国・専門家からの安全性の説明を受ける。立地自治体・住民は、反対派専門家の知見の助勢は得ないので、地元の現場知や素人性のみが、不安解消の質疑での武器となる。つまり、「素人にわかりやすく説明しろ」「専門用語ばかりでは分からないから不安だ」「分からないものは認められない」という議論になる。そして、専門的知識を持たない立地自治体・住民には、技術的判断はできないとして、最終的な安全性に関する判断を、国・県や専門家に委任する。

　このような説明要求空間を立地自治体が形成したため、国・原子力事業者・専門家は、不安全の解消ではなく、《専門家が行う一般人への分かりやすい説明による、立地自治体・住民の不安心解消》に、力を入れることになった。推進派から言えば、原子力発電所の技術的・客観的な安全性は既に確保されており、専門知識を持たない立地自治体・住民に必要な不安解消とは、不安全の解消ではなく、情報心理的・主観的・情緒的な不安心の解消である、となる。原子力安全規制組織や原子力専門家は、原子力安全の工学的・専門的知見を磨いて安全性を向上させることではなく、公衆受容（パブリック・アクセプタンス）のためのコミュニケーション技術を向上させることに心血を注ぐ。これが、立地自治体が蔓延させた、もっとも大きな「不毛な論争」あるいは「論争不在」である。こうして、推進派の専門家は専門性向上への注力の比重を相対的に低下させていった。あるいは、自然科学系の最新の専門的知見を学習する注力を相対的に低下させ、社会科学系の専門的知見をつまみ食いしようとさせていった。

　立地自治体は、原子力工学などの専門家の能力発露の方向を歪めたことを、真摯に反省すべきである。専門家に期待すべきことは、不安心解消ではない。原発推進派と脱原発派の専門的論争によってなされるべきことは、不安全解消である。立地自治体としては、両派の専門的論争の空間を整備することで、両派の相互研鑽を促進すればよい。一般住民に対する説明はうまいが腕の立たない専門家よりも、説明は下手でも腕の立つ専門家が必要である。不安心解消ができなくとも、不安全解消をするのが、原子力専門家や原子力事業者の任務である。

その結果、原子力発電の立地や稼働が進もうと進むまいと、それは専門家・原子力事業者が不安に感じるべき事柄ではない。一般住民の不安心解消は別の手段で為されるべきである。それは、政策的判断という政治・行政の問題であり、専門家・原子力事業者にとっては荷が重すぎる。一般住民に説明して政策判断するのは、政治家・行政職員の任務である。

立地自治体がなすべきは、両派の専門家を活性化させて不安全解消をさせることによって、住民の不安心を解消することである。不安心解消を、国の責任に求めるのは、地域総合行政主体として無責任である。また、不安心解消を、原子力事業者・原子力専門家の一般人向けコミュニケーション能力や学際能力に求めるのも、過分な期待である。推進派専門家から話を聞いて論争すべきは、第一義的には慎重派・反対派の専門家である。為政者や一般住民が推進派専門家だけから話を聞いても仕方がない。為政者や一般住民が話を聞くのならば、両派の専門家からバランスよく聞くべきである。立地自治体は、国や推進派専門家に不安全解消を丸投げするのではなく、推進派・慎重派の両派から専門的知見を聞きつつ、一般住民として不安心解消のできる決断をするべきなのである。

結論的に言えば、立地自治体が形成すべき「健全な論争空間」は二つである。第一は、推進派および慎重派の専門家間の論争の場を設けることである。しばしば、賛成派・反対派の硬直的な論争はかみ合わず、柔軟な合意に向けた懇談が望ましい、などと言われる。しかし、そのようなムラ社会的な馴れ合いでは、安全性に関する妥協をもたらすだけである。明確な立証・反証による論点の明確化が必要である。安全規制組織としての立地自治体・住民の代表は、中立的な行司役として存在する。一種の三者構成の安全性向上フォーラムである。ここでは技術的な不安全解消が目的となる。

第二は、原子力政策を含めた地域総合行政主体としての立地自治体の立地政策フォーラムである。ここでは、経済・財政的メリットや危険性・受害性などについて、総合的に政策衡量を行い、立地・増設・廃炉・稼働・停止などの政策判断を行う。両派の専門家を立地政策フォーラムに招じることは、専門性の研鑽に足枷になる。したがって、基本的には両派の専門家が登場すべき舞台ではない。

4　原子力苛酷事故への対策
――立地自治体の立場から考える

①避難計画

立地自治体として安全性の向上のために具体的な努力をしたとしても、結果的には深刻事故が起きうることを想定するのが、責任ある立地自治体の態度である。起こりうる様々な可能性を、何重にも想定することが、結果的に安全性の向上につながる。

ＥＰＺをどの範囲で確定するかは国の政策判断であるが、それに自治体が拘束される必要はない。今次の深刻事故からは、最低でも半径五〇キロメートル圏では全住民の長期避難がありうることが実証された。したがって、少なくとも既存原子力発電所から半径五〇キロメートル圏内の自治体は、全住民の長期避難（場合によっては移転・移住）の具体的計画とその実行手段を構築しなければならない。

立地自治体が避難計画を策定するときに、普通に考えれば、国との協働が必要である。避難は緊急的かつ広域的対応を要するし、関係する立地自治体・住民数が万単位を超えうるので、国による調整が期待される。また、自治体の機関である警察・消防の応援にせよ、自衛隊の出動にせよ、あるいは、各種の事業者への協力依頼にせよ、国による支援があった方が望ましい。しかし、同時に国などは、数十万から数百万・数千万に及びうる大量住民の避難を想定するよりは、むしろパニック防止を重視して、あるいは、社会的・経済的損失の回避を重視して、時間的にも空間的にも抑え気味の避難計画を作る可能性もある。その場合には、立地自治体は前述した「逆補完性の原理」に基づいて、住民ニーズに対応した避難計画の独自策定を決断すべきである。

具体的には、まず、緊急避難のために、いかなる事故が発生したかの情報入手の方策である。端的にいって、国・原子力事業者は立地自治体・住民に対して、本当に重篤な事態が確実になったと判断・確認するまでは、連絡をしたがらないかもしれない。そもそも、苛酷事故が本当に発生したら、国・原子力事業者にも大混乱が起きており、原子力安全協定などを結んでいても機能しないこともありうる。マスコミ報道で政府・原子力事業者の発表を知るしかないこともありうる。

そこでまず、どのように緊急事態を主体的に認知するのかが、出発点である。国・原子力事業者から速やかに連絡を受けるなどという受け身では効果がない。立地自治体が、居ながらにして、自動的に情報取得をできる体制でなければならない。放射線の常時モニタリングだけでなく、発電所本体や中央制御室などの監視カメラで確認して、事態を推察するしかない。実際、福島第一原子力発電所での「爆発的事象」を認知できたのは、報道機関による定点カメラで、リアルタイムで映像を撮れていたからであり、国や原子力事業者からの報告ではない。

しかも、原子力発電所の単体の事故ではなく、複合災害であることも想定されるので、情報回線も確保できるとは限らない。立地自治体としては、自区域内の放射線モニタリングによって、情報を把握するのが望ましい。西側諸国がチェルノブイリ事故を認知したのは、スウェーデンにある放射線監視システムによる。未災立地自治体は、直ちにモニタリングを強化し、国・原子力事業者からの連絡・情報を待たずに、自主的に認知できなければならない。国・原子力事業者は深刻事故への対処で、非常に多忙かつ混乱するだろうからである。

次いで重要なのが、避難の決断およびそのための時間的猶予（緊急か否か）の判断である。あらかじめ基準があることは助けにはなるが、臨機応変の決断も求められる。これは、専門的知見に基づく助言を得ながらも、最後は、首長の政治決断である。状況によっては専門家の助力は得られないと考えなければならないが、コンタクト策の確保は必要である。また、国の被災予測の情報提供は期待されるが、現実にはないと考えた方がよい。首長被災あるいは不在のときの決断者も決めなければならない。

その上で、具体的な避難実施計画である。警察・

消防・自衛隊・広域自治体・近隣自治体・医療機関・報道機関・各種団体などとの連絡調整が必要だが、むしろ、緊急時には連絡はうまくいかないことを想定した計画の方が重要である。交通路の確保と封鎖、バスなどの移動手段、避難・移転先の居住空間、衣食住や医療・看護・介護サービス、放射線防護・除染などの手配であり、被曝差別や風評被害への対策であり、その訓練である。その意味では、これまでの原子力防災訓練は、全くといっていいほど有効性を持っていなかった。現実には、本震・余震、津波などでのインフラ根本破壊のなかで、避難をしなければならないのであり、困難は何倍も大きい。

特に、バスを未災自治体が自らの手で確保することが喫緊の課題である。今次の深刻事故では、国(国土交通省)が近県のバス事業者に手配をし、そのバスが被災自治体に到着したうえで、避難指示が拡大されていったという。交通手段を確保しなければ避難指示を出せない。立地自治体が自ら交通手段を確保できなければ、自ら避難を決定できない。

避難先の確保も重要な問題である。屋内待避の可能性があるとすれば、未災自治体の区域内に避難できる施設を確保する必要がある。通常の災害では、学校や公共施設が避難場所で充分であるが、核害事故に関しては、放射能雲をやり過ごせる放射線遮蔽の機能を持った「核シェルター」にする必要がある。もちろん、「核シェルター」までの移動手段も必要である。しかし、転々避難・域外避難の可能性もあるので、そのためには遠方に施設を確保しておかなければならない。もちろん、施設には安定ヨウ素剤・食糧・飲料水・毛布・布団・医薬品の備蓄や、除染施設やトイレの確保も必要である。

長期避難に及べば、子供の教育問題も発生する。それまでの生業から切り離されるわけであるから、住民の当面の生活資金も枯渇するし、将来的には就業を目指さなければならない。放っておくと、全住民が生活保護でしか救済し得ない状態となる。

とはいえ、立地自治体は、こうした避難計画を想定することには躊躇することもあろう。《深刻事故が起きれば遠方に逃げるしかない。市町村レベルの立地自治体の手に余ることであり、したがって、広域自治体および国の任務なので、そこがまず方針を示すことを待つ》という姿勢である。このような指示待ちに終始する為政者を持った住民は不幸である。

また、《避難は、どのような状況で起こるかはあらかじめ想定できないから、事前に考えても仕方がないのであって、そのときになって臨機応変に対処すればよい》という姿勢もある。このような場当たり的な為政者を持った住民も不幸である。避難計画の通りにことが進むはずはないが、それは計画を立てて対策を講じないことを正当化する事由にはならない。

さらに一般的には、面倒なことを考えたくないという立地自治体もある。こうした観て見ぬふりの為政者を持った住民は、救われようがない。

②資金対策

避難のための対策を採るには、膨大な資金が必要である。まず立地自治体は、基金を積み上げなければならない。そして、そのための資金調達方策を、国および原子力事業者に要求しなければならない。国や原子力事業者は、さらに言えば、電力消費者は、原子力発電所を稼働させたいならば、適正な費用を負担しなければならない。今回明らかになったことは、各原子力事業者は原子力災害（核害）補償の資金積み立てや保険を充分にはしておらず、国＝国民の電力料金負担または税金負担に、事後的・場当たり的に転嫁する状態である。この状態から脱却することが、適正な長期避難を可能とする。

具体的な資金方策は色々考えうる。基本的には保険原理に基づいて、原子力災害がある確率で発生するとして、そのための充分な積み立てを原子力事業者にさせることである。もちろん、電力料金に跳ね返るが、当然である。今までの電力料金は、原子力発電を推進したいという国策にしたがって、ダンピングを行っていただけなのである。

あるいは、税負担を許容するならば、電源開発促進税・電源三法交付金の相当額を「電源地域安全対策交付金」に転換させて、広範囲の立地自治体の安全対策施策および基金造成に充てることも考えられる。全立地自治体に交付するから、保険原理よりは無駄が多いともいえるが、保険給付を後から受けるよりも当座の自己資金を事前に各立地自治体が持つことにも意義がある。

③地域づくりとの関係

立地自治体にとって深刻なのは、核害被災の可能性は、地域づくりに諦観を与えうることである。原子力発電所の立地するような地方圏・過疎圏は、地域おこしを目指すとすれば、豊かな自然やきめ細やかなコミュニティ・地域社会と人情を地域資源として、施策を打っていく。しかし、ひとたび深刻事故が起きれば、こうした努力はかなりが水泡に帰す。ならば、地域づくりの努力をするのは、虚しいことであろうか。

地域づくりに過度に刹那的になる必要はない。過疎化・限界化と少子高齢化によって、長期的展望が描きにくいのは、多くの自治体で共通している現象である。地域・自治体の地道な営みが一瞬で破壊されるのは、他の自然災害、感染症パニック、経済恐慌、戦争などでも同じである。核害はその影響が長期・広範囲に及ぶので、再建・再生が難しいことは他の厄災と異なるとはいえ、例えば、自然災害の多い地域が、それを恐れて地域づくりを放棄して刹那的・退嬰《たいえい》的になるわけではない。したがって、所在自治体はともかくとして、周辺立地自治体の地域づくりも、他の地域と同様に進めればいい。将来展望がないと自縄自縛しすぎることはないのである。

懸念されるのは、今回の深刻事故を直視して、半径三〇キロメートルないし五〇キロメートル圏で、地域づくりに尽力することは虚無的・刹那的なことと考えることである。所在自治体だけではなく、周辺立地自治体としては、原子力発電所とは、一蓮托生を覚悟するしかない。原子力発電所が安全に稼働すれば自治体と共存するが、深刻事故を起こせば自治体も道連れになってしまう。だからこそ、深刻事故を起こさせないようにするという安全性の向上を目指すことは重要であろうが、仮に安全性を向上させたとしても絶対安全ではない。ならば、脱原発を目指すのも方策としてありうる。

苛酷事故が起きうることを常に考えれば、立地自治体で可能な地域づくりは、地道かつ誠実な内発的発展とはなりにくい。深刻事故によってあらゆる努力が奪われるのであるならば、原子力発電所の立地に伴う雇用・地方税(特に償却資産に係る固定資産税)・電源三法交付金などの経済・財政的メリットにより、当面の公的施設や行政サービスを充実させるしかないかもしれない。

しかし、地域の将来展望を描きにくいのは、原子力発電所の立地自治体に限られたことではない。むしろ、原子力発電所が立地してしまった既成事実から、あたかもそれが無くなったら困るかのような「繁栄神話」が生み出されただけにすぎない。無ければ無いで、普通に地域づくりをするものである。推進構造の生み出した「繁栄神話」に立地自治体も過度に呪縛される必要はない。現時点では、なお未災だからである。

おわりに

原子炉は裸である。本当は裸なのにもかかわらず、多重防護の服を何枚も着て安全な王様である、と「大人」は安全神話を流布させた。裸だと指摘した「子供じみた」研究者は、冷や飯を食わされた。原子力発電所の危険性を何度も吹聴するが、現実には深刻事故は起きなかったので、「狼少年」と位置づけたのかもしれない。「狼少年」と位置づけることで、立地自治体も国も、「少年」の言うことに耳を傾けなくさせたのである。安全神話に基づけば「狼」はいないはずなのである。

しかし、本当は大人である国も原子力事業者も専門家も、原子炉が裸であり危険であることは本音では知っていたであろう。「狼」は本当にいる。神話を流布させる人は神話を信じる必要はない。だから、首都ではなく、福島や新潟という遠隔地に立地している。これは、公開されている原子炉立地審査指針に明示されている。その基準には、①原子炉からのある距離範囲は非居住区域、②非居住区域の外側の地帯は低人口地帯、③原子炉敷地は人口密集地帯からある距離、とある。しかも、現実には、三大都市圏からの離隔距離は、苛酷事故に際して充分かどうかはともかく、もっと大きく取られている。東京から近いのは、東海第二原子力発電所であるが、これは停止している。次に近い浜岡原子力発電所は、国が行政指導で停止させた。

したがって、今回の深刻事故は、実は大人の想定内なのである。立地自治体は、本音では危険を知っていたとしても、国策に逆らえず立地を強要され、やむなく安全神話を信じた演技をしたのかもしれない。しかし、その神話を繰り返し聞いているうちに、立地自治体も住民も、「大人」になって本心から安全を信じるようになり、あるいは、経済・財政的なメリットのために誘致をすることも生じてきた。

所在自治体は、基本的に推進派として立地に協力しているとしても、原子力関係者(「原子力ムラ」)からはこれまでも嫌われてきた面があった。専門的知識もなく過剰に不安を感じている愚かで感情的な人々である、何かあるとすぐにカネを要求する、権限もないくせに様々な情報提供を要求したりして煩わしい、などという具合である。他方、全国の自治体関係者からは、お金持ちで羨ましい、という嫉妬を浴びる。このような板挟みのなかで、実際に核害に被災する悲劇に見舞われた立地自治体が現れた。

原子力関係者は、原子力発電所は安全なのであるから、正しい情報を示せば所在自治体は安全であると理解すべきである、という態度のようである。安全対策を向上させるのではなく、安全性を向上させようとする所在自治体の素朴な懸念に答えるためにコミュニケーション・学習して、すでに充分に安全な科学的事実を、一般住民にわかりやすく広報・教育する態度に留まっていた。もちろん、今回の深刻事故が起きるまでも事故は多発していたとはいえ、これほどの深刻なことはなく、その意味で安全神話を基にした広報で充分だったのかもしれない。しかし、「原子力ムラ」の外からの危険に対する懸念を、現実的なものとして想定しなかったことが、今回の深刻事故につながったのである。

そして、今回の深刻事故を教訓に、外からの様々な危険に対する想定に真摯に対応しない限り、残念ながら深刻事故は繰り返されるであろう。さらにいえば、深刻事故が繰り返されることで、国民が事故や被曝に慣れるかもしれない。もちろん、事故の多発に慣れても核害は現れるときには現れる。とはいえ、核害は、大量被曝による急性障害を除けば、晩発性・確率的であり、それが顕在化するには時間がかかる。したがって、深刻事故後でも目に見える核害障害を認定しなければ、「たいしたことはない」「正しくない知識による過剰反応だ」「騒ぎすぎだ」と主張することも不可能ではない。

仮に色々な身体症状が発生しても、「原因不明だ」「気のせいだ」「ガンは他の要因でも発生する」「日本人の三分の一はガンで死ぬのであって、被曝の有無は大勢に影響はない」などと、核害に起因するものではないと診断・認定されることも起きえよう。公害の認定はいつも難しいのであり、核害も同様である。疫学的な関心が議論の中心となれば、個体差のある個々人レベルにおいて感受性の強い人に現れた症状は軽視・抑圧されることになる。被曝者＝核害被災者の健康への希求は、推進構造によっては、第二・第三……の「安全神話」にもつながりうる。細心な配慮のある対処が必要である。

このような国・原子力事業者・専門家・言論人の「原子力安全文化」を育んできた一端は、所在自治体が推進と共存に偏った方策を採ってきたこと、蚊帳の外に置かれている周辺自治体がイメージ悪化を恐れて無関心を装ってきたこと、受益と受害の乖離をもとに遠方の消費地自治体が無関心でいたこと、などにもあるのである。

今回の深刻事故により、安全神話は崩壊した。しかし、これまでのような推進構造と「原子力安全文化」のもとでは、第二、第三……とさらなる多数の「安全神話」が分裂生成する可能性もある。その増殖過程に、自治体が絡め取られることも起きうる。したがって、自治体のスタンスは極めて重要である。

そもそも、狭い日本には、深刻事故によって核害被災を受けない無関係自治体はほとんどない。東京圏の電力消費自治体は、遠方の福島・新潟の立地自治体に危険を押し付けて、無関心のまま、無関係を装ったつもりではあった。しかし、主観的に無関係を装っても、客観的な核害は及ぶ。したがって、想定される核害被災の濃淡に差はあれども、すべての自治体は、どこかの原子力発電所の未災自治体なのである。したがってすべての自治体が今次の深刻事故を踏まえて、改めて原子力発電問題に取り組むことが必要である。

【主要参考文献】

明石昇二郎『増補版 原発崩壊』金曜日，2011 年
秋元健治『原子力事業に正義はあるか』現代書館，2011 年
淺川凌『福島原発でいま起きている本当のこと』宝島社，2011 年
朝日新聞取材班『生かされなかった教訓』朝日文庫，2011 年
有馬哲夫『原発・正力・CIA』新潮新書，2008 年
石橋克彦(編)『原発を終わらせる』岩波新書，2011 年
石渡正佳「ガレキ処理をめぐる国県市町村の役割」『ガバナンス』2011 年 8 月号
今井照「東日本大震災と自治体政策」『公共政策研究第 11 号』2011 年
上杉隆・烏賀陽弘道『報道災害【原発編】』幻冬舎新書，2011 年
内橋克人『日本の原発，どこで間違えたのか』朝日新聞出版，2011 年
NHK「東海村臨界事故」取材班『朽ちていった命』新潮文庫，2006 年
奥山俊宏『ルポ東京電力原発危機 1 カ月』朝日新書，2011 年

海渡雄一『原発訴訟』岩波新書，2011 年
鎌田慧『原発列島を行く』集英社新書，2001 年
川島博之『電力危機をあおってはいけない』朝日新聞出版，2011 年
川村湊『福島原発人災記』現代書館，2011 年
橘川武郎『原子力発電をどうするか』名古屋大学出版会，2011 年
北村俊郎『原発推進者の無念』平凡社新書，2011 年
北村行孝・三島勇『日本の原子力施設全データ』講談社，2001 年
原発老朽化問題研究会『まるで原発などないかのように』現代書館，2008 年
小出裕章『放射能汚染の現実を超えて』河出書房新社，
小出裕章『原発のウソ』扶桑社新書，2011 年
河野太郎『原発の日本はこうなる』講談社，2011 年
古賀茂明『日本中枢の崩壊』講談社，2011 年
國分郁男・吉川秀夫『ドキュメント・東海村』ミオシン，1999 年
児玉龍彦『内部被曝の真実』幻冬舎新書，2011 年

佐藤栄佐久『福島原発の真実』平凡社新書，2011 年
清水修二『原発になお地域の未来を託せるか』自治体研究社，2011 年
志村嘉一郎『東電帝国その失敗の本質』文春新書，2011 年
関谷直也『風評被害』光文社新書，2011 年

高木仁三郎『原発事故はなぜくりかえすのか』岩波新書，2000 年
高木仁三郎『市民科学者として生きる』岩波新書，1999 年
高田純『世界の放射線被曝地調査』講談社，2002 年
高橋啓三・手島佑郎『元 IAEA 緊急時対応レビュアーが語る福島第一原発事故衝撃の事実』ぜんにち，2011 年
宝島社『別冊宝島　原発大論争』JICC 出版局，1988 年
たくきよしみつ『裸のフクシマ』講談社，2011 年
武田邦彦『放射能と生きる』幻冬舎新書，2011 年
武田徹『原発報道とメディア』講談社現代新書，2011 年
田中三彦『原発はなぜ危険か』岩波新書，1990 年
田辺文也『まやかしの安全の国』角川 SSC 新書，2011 年
槌田敦『原子力に未来はなかった』亜紀書房，2011 年
豊田直巳『フォトルポルタージュ　福島原発震災のまち』岩波ブックレット，2011 年

直野章子『被ばくと補償』平凡社新書，2011 年
七沢潔『原発事故を問う』岩波新書，1996 年
七沢潔『東海村臨界事故への道』岩波書店，2005 年
新潟日報社特別取材班『原発と地震』講談社，2009 年

蓮池透『私が愛した東京電力』かもがわ出版，2011 年
広河隆一『チェルノブイリ報告』岩波新書，1991 年
広河隆一『福島　原発と人びと』岩波書店，2011 年
広瀬隆『福島原発メルトダウン』朝日新書，2011 年
堀江邦夫『原発労働記』講談社文庫，2011 年(『原発ジプシー』1984 年，改題復刻)

丸山重威『これでいいのか福島原発事故報道』あけび書房，2011 年
水野倫之・山崎淑行・藤原淳登『緊急解説！ 福島第一原発事故と放射線』NHK 出版新書，2011 年

山岡淳一郎『原発と権力』ちくま新書，2011 年
山岡俊介『福島原発潜入記』双葉社，2011 年
吉岡斉『原発と日本の未来』岩波ブックレット，2011 年
読売新聞政治部『亡国の宰相』新潮社，2011 年

金井利之

東京大学大学院法学政治学研究科教授(自治体行政学・行政学).
1967年群馬県桐生市生まれ. 1989年東京大学法学部(第3類)卒業.
東京都立大学法学部助教授(都市行政論・行政学), オランダ国立ライデン大学社会科学部行政学科客員研究員などを経て, 2006年より現職. 著書に『実践自治体行政学』(第一法規), 『自治制度』(東京大学出版会), 『財政調整の一般理論』(東京大学出版会), 共著に『ホーンブック地方自治〔改訂版〕』(北樹出版), 『分権改革の動態』(東京大学出版会)など.

原発と自治体 「核害」とどう向き合うか　　岩波ブックレット 831

2012年3月6日 第1刷発行

著 者 金井《かない》 利之《としゆき》

発行者 山口昭男

発行所 株式会社 岩波書店
〒101-8002 東京都千代田区一ツ橋 2-5-5
電話案内 03-5210-4000 販売部 03-5210-4111
ブックレット編集部 03-5210-4069
http://www.iwanami.co.jp/hensyu/booklet/

印刷・製本 法令印刷 装丁 副田高行

ISBN 978-4-00-270831-7 Printed in Japan